数字电子技术基础

主　编　徐　征　钟化兰
副主编　周　霞　傅军栋

西南交通大学出版社
·成　都·

内容简介

本书重点介绍数字电子技术中组合逻辑电路和时序逻辑电路的分析、设计方法。

全书共计 9 章，分别是数制与编码、数字逻辑基础、逻辑门电路、组合逻辑电路、锁存器和触发器、时序逻辑电路、半导体存储器、脉冲波形的产生和整形、模数与数模转换电路。

本书可以作为高等学校电气类、电子信息类、自动化类及其他电类相关专业的教材，也可以供相关工程技术人员参考。

图书在版编目（CIP）数据

数字电子技术基础 / 徐征，钟化兰主编. -- 成都：
西南交通大学出版社，2024.2
ISBN 978-7-5643-9709-8

Ⅰ. ①数… Ⅱ. ①徐… ②钟… Ⅲ. ①数字电路 – 电
子技术 – 高等学校 – 教材 Ⅳ. ①TN79

中国国家版本馆 CIP 数据核字（2024）第 027489 号

Shuzi Dianzi Jishu Jichu
数字电子技术基础

主编 徐 征 钟化兰

责 任 编 辑	黄淑文
封 面 设 计	曹天擎
出 版 发 行	西南交通大学出版社 （四川省成都市金牛区二环路北一段 111 号 西南交通大学创新大厦 21 楼）
营 销 部 电 话	028-87600564　028-87600533
邮 政 编 码	610031
网　　　址	http://www.xnjdcbs.com
印　　　刷	四川森林印务有限责任公司
成 品 尺 寸	185 mm × 260 mm
印　　　张	12.75
字　　　数	319 千
版　　　次	2024 年 2 月第 1 版
印　　　次	2024 年 2 月第 1 次
书　　　号	ISBN 978-7-5643-9709-8
定　　　价	39.00 元

课件咨询电话：028-87600533

前　言

　　"数字电子技术基础"是高等学校电子信息类、电气类、自动化类及其他电类相关专业的必修课程。本教材是在参考教育部关于《电子技术基础（A）课程基本要求》的基础上，总结作者多年来的教学实践经验编写而成的。

　　全书深入浅出，推陈出新，注重讲述数字电子技术基础的分析方法和设计方法，共计9章。第1章为数制与编码，介绍了数字电子技术的发展及应用、数字集成电路的分类及特点以及二进制数与二进制码。第2章为数字逻辑基础，介绍逻辑代数的基本公式和定理以及逻辑函数的化简方法。第3章为逻辑门电路，以CMOS逻辑门和TTL逻辑门为例展开讨论，介绍了晶体管的开关特性及由它们构成的基本逻辑门。第4章为组合逻辑电路，介绍了组合逻辑电路的分析和设计以及一些常用的组合逻辑电路模块。第5章为锁存器和触发器，介绍了各种类型的锁存器和触发器的工作原理及使用方法。第6章为时序逻辑电路，介绍了时序逻辑电路的分析和设计以及一些常用的时序逻辑电路模块。第7章为半导体存储器，介绍了各种半导体存储器的工作原理和使用方法。第8章为脉冲波形的产生和整形，介绍了单稳态触发电路、施密特触发器、多谐振荡器的基本原理，以及555定时器和用它构成各种触发器和振荡器的方法。第9章为模数与数模转换电路，介绍了各种类型的A/D转换器和D/A转换器的工作原理及典型应用。

　　本书由徐征副教授和钟化兰副教授担任主编，负责全书的组合和定稿；周霞讲师和傅军栋副教授担任副主编。其中，徐征副教授编写了第1、2、3章，钟化兰副教授编写了第4、5章，周霞讲师编写了第6、7章，傅军栋副教授编写了第8、9章。

　　本书得到了华东交通大学教材（专著）基金资助，特别感谢华东交通大学电气与自动化工程学院的大力支持。

编　者

2023 年 12 月 1 日

目　录

第 1 章　数制与码制

　　数字电子技术是借助一定的设备，将各种信息，包括图、文、声、像等转化为电子计算机能识别的二进制数"0"和"1"，然后再进行运算、加工、存储、传送、传播、还原的技术。数字电子技术无处不在，手机、彩电、数码相机、大规模生产的工业流水线、因特网、机器人、航天飞机、宇宙探测仪等，都是数字电子技术发展的产物。

　　在数字逻辑系统中，所有的信息单元都是用"0"和"1"表示，它们所代表的可能是数值量，也可能是逻辑量，还可能是数字、字符等其他任何信息。用一串"0"和"1"表示的数值量，我们称其为二进制数；用一串"0"和"1"表示的数字、字符等其他任何信息，我们称为二进制码。

　　本章讨论数字电子技术的发展及应用、数字集成电路的分类及特点和二进制数与二进制码。

1.1　数字电路与数字信号

1.1.1　数字电子技术的发展

　　电子技术是 20 世纪以来发展最迅速、应用最广泛的技术，已经渗透到人类生活的各个方面。特别是数字电子技术，取得了令人瞩目的进步。

　　电子技术的发展是以电子器件的发展为基础的。20 世纪初直至 20 世纪中叶，主要使用电子管。随着固体微电子学的进步，第一只晶体管于 1947 年问世，开创了电子技术的新领域。随后，在 20 世纪 60 年代初，模拟和数字集成电路相继上市。20 世纪 70 年代微处理器的问世，使电子器件及其应用出现了崭新的局面。20 世纪 80 年代末，微处理器每个芯片的晶体管数目突破百万大关。到 20 世纪 90 年代末，可以制造包含千万个晶体管的芯片。当前的制造技术可以在芯片上集成几十亿个晶体管。在过去的 40 年间，集成电路的集成度和性能以惊人的速度发展着。

　　数字电子技术应用的典型代表是计算机，它是伴随着电子技术发展起来的，经历了电子管、晶体管、集成电路和超大规模集成电路四个发展阶段，其体积越来越小，功能越来越强，价格越来越低，应用范围越来越广，目前正朝着智能化方向发展。除此之外，数字技术还被广泛地应用于广播、电视、通信、医学诊断、测量、控制、文化娱乐以及家庭生活等方面。

1.1.2　数字集成电路的分类及特点

　　电子电路按功能分为模拟电路和数字电路。数字电路根据其结构特点及其对输入信号的响应规则的不同，可分为组合逻辑电路和时序逻辑电路。数字电路中的电子器件，如二极管、三极管处于开关状态，时而导通、时而截止，构成电子开关。这些电子开关是组成逻辑门电路的基本器件。逻辑门电路又是数字电路的基本单元。将这些门电路集成在一片半导体芯片上，就构成了数字集成电路。

1. 数字集成电路的分类

数字电路经历了由电子管、晶体管等半导体分立器件到集成电路的发展过程。由于集成电路的发展非常迅速，很快占有主导地位，从 20 世纪 60 年代开始，数字集成器件以双极型工艺制造了小规模逻辑器件，随后发展到中规模；20 世纪 70 年代末，微处理器的出现，使数字集成电路的性能发生了质的飞跃；从 20 世纪 80 年代中期开始，专用集成电路制作技术已趋成熟，标志着数字集成电路发展到了新的阶段；20 世纪 90 年代中期，片上系统设计技术可以将复杂的电子系统全部集成在单一芯片上，使集成电路设计向集成系统设计转变，预示着集成电路出现了从量变到质变的突破。

衡量集成电路有两个主要的参数：集成度与特征尺寸。集成度是指每一芯片所包含的门的个数。特征尺寸是指集成电路中半导体器件加工的最小线条宽度。集成度与特征尺寸是相关的。当集成电路芯片的面积一定时，集成度越高，特征尺寸就越小。所以，特征尺寸也成为衡量集成电路设计和制造技术水平高低的重要指标。

在过去的几十年中，以硅为主要加工材料的微电子制造工艺从开始的微米级加工水平，经历亚微米级（$0.8 \sim 0.35 \mu m$）、深亚微米级（$0.25 \mu m$ 以下）技术的发展，到现在的纳米级（$0.05 \mu m$ 以下）技术，使集成电路芯片集成度越来越高，成本越来越低。

按照集成度（即每一片硅片中所含元器件数）的高低，数字集成电路分为小规模集成电路（SSI）、中规模集成电路（MSI）、大规模集成电路（LSI）、超大规模集成电路（VLSI）和甚大规模集成电路（ULSI）。表 1.1.1 列出了数字集成电路的集成度分类。按电路所用器件的不同，数字集成电路可分为双极型集成电路和单极型集成电路。其中双极型集成电路有 DTL、TTL 和 ECL 等，单极型集成电路有 NMOS、PMOS 和 CMOS。

表 1.1.1　数字集成电路的集成度分类

分　类	门的个数	典型集成电路
小规模	12 以下	逻辑门、触发器
中规模	11 ~ 100	计数器、加法器
大规模	101 ~ 10 000	小型存储器、门阵列
超大规模	10 001 ~ 100 000	大型存储器、微处理器
甚大规模	100 001 以上	可编程逻辑器件、多功能专用集成电路

2. 数字集成电路的特点

与模拟电路相比，数字电路主要有下列优点：

① 稳定性高，抗干扰能力强。

对于一个给定的输入信号，如果噪声信号不使其超过阈值，数字电路的输出状态不变。因此数字电路的工作可靠，稳定性好，抗干扰能力强。而模拟电路的输出则随着外界温度和电源电压的变化，以及器件的老化等因素而发生变化。

② 易于设计。

数字电路又称为数字逻辑电路，它主要是对用"0"和"1"表示的数字信号进行逻辑运算和处理，不需要复杂的数学知识，广泛使用的数学工具是逻辑代数。数字电路只要能够可靠地区分"0"和"1"两种状态，就可以正常工作。因此，数字电路的分析与设计相对较容易。

③ 便于集成，成本低廉。

数字电路便于集成化生产，成本低廉，体积小，通用性强，容易制造，进而使集成芯片广泛应用于数字电路。

④ 可编程性。

现代数字系统的设计，大多采用可编程逻辑器件，即厂家生产的一种半成品芯片。用户根据需要，用硬件描述语言在计算机上完成电路设计和仿真，并写入芯片，这为用户研制开发产品带来了极大的方便和灵活性。

⑤ 高速度，低功耗。

随着集成电路工艺的发展，数字器件的工作速度越来越高，而功耗越来越低。集成电路中单管的开关速度可以做到小于 10^{-11} s。整体器件中，信号从输入到输出的传输时间小于 10^{-9} s。百万门以上超大规模集成芯片的功耗，可以低于毫瓦级。

⑥ 便于存储、传输和处理。

数字信号由"0"和"1"编码组成，可以用数字存储器对其进行存储、传输。将数字系统与计算机连接，便可以利用计算机对数字信号进行处理和控制。

由于具有这些优点，数字电路在众多领域取代模拟电路的趋势，将会继续发展下去。

1.1.3 模拟信号和数字信号

电子技术中的工作信号可以分为模拟信号和数字信号两大类。

1. 模拟信号

模拟信号是指时间上和幅度上都是连续的信号，如图 1.1.1 所示的某一天温度变化的曲线。传输、处理模拟信号的电路称为模拟电路。在工程技术上，为了便于分析和处理，通常用传感器将模拟量转换为与之成比例的电压或电流信号，然后再送到电子系统中进一步处理。

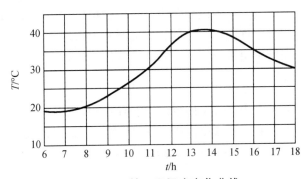

图 1.1.1 某一天温度变化曲线

2. 数字信号

数字信号是指时间上和幅度上都是离散的信号。如电子表的秒信号、生产中自动记录零件个数的计数信号、由计算机键盘输入计算机的信号等。

在数字电路中，可以用"0"和"1"组成的二进制数表示数量的大小，也可以用"0"和"1"表示两种不同的逻辑状态。当表示数量时，两个二进制数可以进行数值运算，常称为算术运算。当用"0"和"1"描述客观世界存在的彼此相互关联又相互对立的事物时，例如，是与非、真与假、开与关、低与高、通与断等，这里的"0"和"1"不是数值，而是逻辑"0"和逻辑"1"。这种只有两种对立逻辑状态的逻辑关系，称为二值数字逻辑，或简称数字逻辑。

在电路中，可以很方便地用电子器件的开关来实现二值数字逻辑。也就是以高、低电平分别表示逻辑"1"和"0"两种状态。在分析实际数字电路时，考虑的是信号之间的逻辑关系，只要能区别出表示逻辑状态的高、低电平，就可以忽略高、低电平的具体数值。表 1.1.2 所示为一种 CMOS 器件的电压范围与逻辑电平之间的关系。当信号电压在 3.5 ~ 5 V 范围内，都表示高电平；在 0 ~ 1.5 V 范围内，都表示低电平。这些表示数字电压的高、低电平通常称为逻辑电平。应当注意，逻辑电平不是物理量，而是物理量的相对表示。

表 1.1.2　电压范围与逻辑电平的关系

电压/V	二值逻辑	电平
3.5 ~ 5	1	H（高电平）
0 ~ 1.5	0	L（低电平）

图 1.1.2 所示为用逻辑电平描述的数字波形，用逻辑"0"表示低电平，逻辑"1"表示高电平。

0 1 0 1 0 1 1 1 0 1 0 1 1 1 0 1 0

图 1.1.2　数字信号的波形

1.2　数制与数制转换

1.2.1　数　制

用数值量表示物理量的大小时，仅用一位数码往往不够用，因此经常需要用进位计数的方法组成多位数码来使用。我们把多位数码中每一位的构成方法以及从低位到高位的进位规则称为数制。常用的数制有十进制、二进制、八进制和十六进制。在日常生活中，人们习惯于用十进制数，而数字系统中通常采用二进制数、八进制数和十六进制数。

1. 十进制

十进制是日常生活和工作中最常用的数制，它有 0、1、2、3、4、5、6、7、8、9 十个数码，所以计数的基数是 10。在多位数中，从低位向相邻高位的进位规则是"逢十进一"，故称为十进制。各个数码处于不同位置时，所代表的数值不同。例如，十进制数 427.38 可以表示成：

$$(427.38)_D = 4 \times 10^2 + 2 \times 10^1 + 7 \times 10^0 + 3 \times 10^{-1} + 8 \times 10^{-2}$$

（1.2.1）

所以任意一个十进制数均可表示成：

$$(N)_D = \sum k_i \times 10^i \qquad (1.2.2)$$

式中，k_i 是第 i 位的系数，它可以是 $0 \sim 9$ 中任何一个数字。若整数部分的位数是 n，小数部分的位数为 m，则 i 包含从 $n-1$ 到 0 的所有正整数和从 -1 到 $-m$ 的所有负整数。

例 1.2.1　试将十进制数 2586.37 按权展开。

解： $(2\,586.37)_D = 2\times10^3 + 5\times10^2 + 8\times10^1 + 6\times10^0 + 3\times10^{-1} + 7\times10^{-2}$

若以 R 取代式（1.2.2）中的 10，即可得到任意进制数的表达式为：

$$(N)_R = \sum k_i \times R^i \qquad (1.2.3)$$

式中，R 称为计数的基数；k_i 为第 i 位的系数；R^i 称为第 i 位的权。

2．二进制

二进制是数字电路中应用最广的数制，它仅有 0 和 1 两个数码，所以基数是 2。进位规则是"逢二进一"。

式（1.2.3）中把 R 用 2 代替，即可得到任意二进制数的表达式为：

$$(N)_B = \sum k_i \times 2^i \qquad (1.2.4)$$

例 1.2.2　将二进制数 1101.11 按权展开。

解： $(1\,101.11)_B = 1\times2^3 + 1\times2^2 + 0\times2^1 + 1\times2^0 + 1\times2^{-1} + 1\times2^{-2}$

$$= (13.75)_D$$

对于同一个数，用二进制数表示比用十进制数表示需要的位数多，不便书写和记忆，因此常采用八进制数、十六进制数来表示。

3．八进制

八进制有 0、1、2、3、4、5、6、7 八个数码，所以基数是 8，进位规则是"逢八进一"。

式（1.2.3）中把 R 用 8 代替，即可得到任意八进制数的表达式为：

$$(N)_O = \sum k_i \times 8^i \qquad (1.2.5)$$

4．十六进制

十六进制有 0、1、2、3、4、5、6、7、8、9、A（10）、B（11）、C（12）、D（13）、E（14）、F（15）十六个数码，所以基数是 16，进位规则是"逢十六进一"。

式（1.2.3）中把 R 用 16 代替，即可得到任意十六进制数的表达式为：

$$(N)_H = \sum k_i \times 16^i \qquad (1.2.6)$$

例 1.2.3　将十六进制数 $(B5.7D)_H$ 按权展开。

解： $(B5.7D)_H = 11\times16^1 + 5\times16^0 + 7\times16^{-1} + 13\times16^{-2}$

$$= (181.488\,281\,25)_D$$

十进制、二进制、八进制、十六进制数的对应关系见表 1.2.1。

表 1.2.1　十进制、二进制、八进制、十六进制数的对应关系

十进制	二进制	八进制	十六进制	十进制	二进制	八进制	十六进制
0	0000	0	0	8	1000	10	8
1	0001	1	1	9	1001	11	9
2	0010	2	2	10	1010	12	A
3	0011	3	3	11	1011	13	B
4	0100	4	4	12	1100	14	C
5	0101	5	5	13	1101	15	D
6	0110	6	6	14	1110	16	E
7	0111	7	7	15	1111	17	F

由于计算机多为 8 位、16 位和 32 位机，而 8 位、16 位和 32 位的二进制数可以用 2 位、4 位和 8 位的十六进制数表示，因而用十六进制数表示十分简便。

1.2.2　数制转换

1. 二进制数转换成十进制数

由二进制数的一般表达式可知，只要将每一位二进制数与其权相乘，然后相加便可得到相应的十进制数。

例 1.2.1　试将 $(110.01)_B$ 转换成十进制数。

解： $(110.01)_B = 1×2^2+1×2^1+0×2^0+0×2^{-1}+1×2^{-2}$

$\qquad\qquad\quad = (6.25)_D$

2. 十进制数转换成二进制

十进制数转换成二进制数时，要将整数部分和小数部分分别转换。

1）整数部分的转换

整数部分的转换采用除 2 取余法。所谓除 2 取余法，即用 2 去除十进制整数，第一次除所得的余数为二进制数的最低位，把得到的商再除以 2，所得余数为二进制数的次低位，依此类推，直至商为 0 时，所得余数为二进制数的最高位。

例 1.2.2　试将 $(37)_D$ 转换成二进制数。

解：

$$
\begin{array}{r|l}
2 & 37 \quad\cdots\cdots\cdots\cdots \text{余 1}\cdots\cdots b_0 \\
2 & 18 \quad\cdots\cdots\cdots\cdots \text{余 0}\cdots\cdots b_1 \\
2 & 9 \quad\cdots\cdots\cdots\cdots \text{余 1}\cdots\cdots b_2 \\
2 & 4 \quad\cdots\cdots\cdots\cdots \text{余 0}\cdots\cdots b_3 \\
2 & 2 \quad\cdots\cdots\cdots\cdots \text{余 0}\cdots\cdots b_4 \\
2 & 1 \quad\cdots\cdots\cdots\cdots \text{余 1}\cdots\cdots b_5 \\
& 0
\end{array}
$$

所以，$(37)_D = (100101)_B$。

注意：在写结果时，不要将高位和低位写反了。

2）小数部分的转换

小数部分的转换采用乘 2 取整法。所谓乘 2 取整法，即用该小数乘以 2，所得结果的整数部分为二进制数小数部分的最高位，其小数部分再乘以 2，所得结果的整数部分为二进制数的第二位，依此类推，直至小数部分为 0 或达到要求精度为止。

例 1.2.3　试将$(0.423)_D$转换成二进制数（保留 4 位小数）。

解： $0.423 \times 2 = 0.846 \cdots\cdots 0 \cdots\cdots b_{-1}$

$\qquad 0.846 \times 2 = 1.692 \cdots\cdots 1 \cdots\cdots b_{-2}$

$\qquad 0.692 \times 2 = 1.384 \cdots\cdots 1 \cdots\cdots b_{-3}$

$\qquad 0.384 \times 2 = 0.768 \cdots\cdots 0 \cdots\cdots b_{-4}$

$\qquad 0.768 \times 2 = 1.536 \cdots\cdots 1 \cdots\cdots b_{-5}$

提示保留 4 位小数，则第 5 位小数采取"零舍一入"的原则。

所以，$(0.423)_D = (0.0111)_B$。

从例 1.2.3 可知，小数转换时，有时不能用二进制小数精确地表示出来，这时只能根据精度要求，求到一定的位数，近似地表示。

3. 二进制数与十六进制数之间的转换

由于 $16 = 2^4$，所以 4 位二进制数对应 1 位十六进制数（对应关系见表 1.2.1）。因此，二进制数转换成十六进制数时，只要将二进制数按 4 位分组，每一组用 1 位十六进制数表示，即可实现它们之间的转换。

例 1.2.4　试将二进制数$(10110100111100.100101111)_B$转换成十六进制数。

解： 将二进制数按 4 位一组进行分组，最左边一组不足 4 位补齐 4 位，每一组用相应的十六进制数代替，即得到相应的十六进制数。

$$(0010\ 1101\ 0011\ 1100.\ 1001\ 0111\ 1000)_B$$
$$\downarrow \quad \downarrow \quad \downarrow \quad \downarrow \quad\quad \downarrow \quad \downarrow \quad \downarrow$$
$$= (2 \quad D \quad 3 \quad C.\ 9 \quad 7 \quad 8)_H$$

例 1.2.5　试将十六进制数$(3AF6.5B)_H$转换成二进制数。

解： 将每位十六进制数用 4 位二进制数代替，即得到相应的二进制数。

$$(3 \quad A \quad F \quad 6.\ 5 \quad B)_H$$
$$\downarrow \quad \downarrow \quad \downarrow \quad \downarrow \quad\quad \downarrow \quad \downarrow$$
$$= (0011 \quad 1010 \quad 1111 \quad 0110.\ 0101 \quad 1011)_B$$

4. 二进制数与八进制数之间的转换

同理，对于八进制数，可将 3 位二进制数分为一组，对应于 1 位八进制。例如：

$$(101 \quad 011 \quad 000.\ 110 \quad 001)_B$$
$$\downarrow \quad \downarrow \quad \downarrow \quad\quad \downarrow \quad \downarrow$$
$$= (5 \quad 3 \quad 0.\ 6 \quad 1)_O$$

至于十进制数转换为十六进制数（或八进制数），可先将十进制数转换为二进制数，再将二进制数转换为十六进制数（或八进制数）。

1.3 机器数及机器数的加减运算

1.3.1 机器数

前面讨论的数都没有考虑符号，对于不带符号的数，一般默认为正数。对于带符号的数，我们称其为符号数。直接用"＋"或"－"号表示符号的二进制数，称作真值。在数字系统，一般用"0"表示符号"＋"，用"1"表示符号"－"。将符号数值化后的二进制数，称作机器数。

在数字系统，所有的算术运算都用机器数进行，针对不同的硬件算法，机器数通常有三种数码形式：原码、反码和补码。

1. 原　码

原码的表示方法：正数的符号位为 0，负数的符号位为 1，数值用其绝对值的二进制数表示。

例如 $N_1 = +4$，$N_2 = -9$，假设机器数字长为 5 位，则 N_1 和 N_2 的原码表示形式为

$$[N_1]_{原码} = 00100 \qquad [N_2]_{原码} = 11001$$

在原码表示形式中，0 有两种不同的形式，即

$$[+0]_{原码} = 00000 \qquad [-0]_{原码} = 10000$$

可以看出，要得到一个带符号二进制数的原码，只要将其符号按"＋"→"0"、"－"→"1"的方法将符号位数值化即可。

2. 反　码

反码的表示方法：正数的符号为 0，数值用其绝对值的二进制数表示。负数的符号位为 1，数值为原码的数值位按位求反得到。

例如 $N_1 = +4$，$N_2 = -9$，假设机器数字长为 5 位，则 N_1 和 N_2 的反码表示形式为

$$[N_1]_{反码} = 00100 \qquad [N_2]_{反码} = 10110$$

在反码表示形式中，0 有两种不同的形式，即

$$[+0]_{反码} = 00000 \qquad [-0]_{反码} = 11111$$

可以看出，反码的数值位的形成和它的符号位有关。

3. 补　码

补码的表示方法：正数的符号为 0，数值用其绝对值的二进制数表示。负数的符号位为 1，数值为原码的数值位按位求反后再加 1 得到。

例如 $N_1 = +4$ ，$N_2 = -9$ ，假设机器数字长为 5 位，则 N_1 和 N_2 的补码表示形式为

$$[N_1]_{补码} = 00100 \qquad [N_2]_{补码} = 10111$$

在补码表示形式中，0 只有一种形式，即

$$[+0]_{补码} = 00000 \qquad [-0]_{补码} = 00000$$

可见，正数的原码、反码、补码的表示相同，而负数的反码、补码却不同。对于负数，它们的符号位都为 1，但是反码的数值位是原码求反得到的，而补码的数值位是将原码的数值位求反后加上 1 得到的。十进制与四位机器数之间的对应关系见表 1.3.1。

表 1.3.1　十进制与四位机器数之间的对应关系

十进制数	机器数			十进制数	机器数		
	原码	反码	补码		原码	反码	补码
				−8	—	—	1 0 0 0
+ 7	0 1 1 1	0 1 1 1	0 1 1 1	−7	1 1 1 1	1 0 0 0	1 0 0 1
+ 6	0 1 1 0	0 1 1 0	0 1 1 0	−6	1 1 1 0	1 0 0 1	1 0 1 0
+ 5	0 1 0 1	0 1 0 1	0 1 0 1	−5	1 1 0 1	1 0 1 0	1 0 1 1
+ 4	0 1 0 0	0 1 0 0	0 1 0 0	−4	1 1 0 0	1 0 1 1	1 1 0 0
+ 3	0 0 1 1	0 0 1 1	0 0 1 1	−3	1 0 1 1	1 1 0 0	1 1 0 1
+ 2	0 0 1 0	0 0 1 0	0 0 1 0	−2	1 0 1 0	1 1 0 1	1 1 1 0
+ 1	0 0 0 1	0 0 0 1	0 0 0 1	−1	1 0 0 1	1 1 1 0	1 1 1 1
+ 0	0 0 0 0	0 0 0 0	0 0 0 0	−0	1 0 0 0	1 1 1 1	0 0 0 0

通过这个表可以观察到一个重要的结论：补码的补码等于原码，即

$$\{[N]_{补}\}_{补} = [N]_{原} \qquad\qquad (1.3.1)$$

1.3.2　机器数的加、减运算

在数字逻辑系统，算术加法运算是用加法器完成，减法运算也是用加法器完成。两个二进制数进行算术加运算时，运算规则是逢二进一。

既然是在数字逻辑系统（机器）中参加运算，那么参加运算的数必须用机器数表示。

1. 原码运算

原码运算的规律和十进制数加减运算的规律比较接近，原码的符号位仅用来表示数的正、负，不参加运算，进行运算的只是数值部分。原码相加时，应首先比较两个数的符号，若两数的符号相同，则两数数值位相加，结果的符号位不变；若两数的符号不同，就得进一步比较两数的数值相对大小，然后将数值较大的数减去数值较小的数，结果的符号与数值较大的数的符号相同。原码减法可以看成加上被加数的相反数。下面举例说明。

例 1.3.1　已知 $N_1 = -0011$，$N_2 = +1011$，用原码求 $N_1 + N_2$ 和 $N_1 - N_2$ 的真值。

解：（1）求 $N_1 + N_2$ 的真值。

$$[N_1]_{原码} = 10011，[N_2]_{原码} = 01011$$

由于 N_1 和 N_2 的符号位不同，并且 N_2 的数值（绝对值）大于 N_1 的数值（绝对值），因此，要进行 N_2 减 N_1 的运算，其结果为正。

运算结果为原码，即 $[N_1 + N_2]_原 = 01000$。

故其真值为 $N_1 + N_2 = +1000$。

（2）求 $N_1 - N_2$ 的真值。

因为 $[N_1 - N_2]_{原码} = [N_1 + (-N_2)]_{原码}$，且 $[N_1]_{原码} = 10011$，$[-N_2]_{原码} = 11011$，由于 N_1 和 N_2 的符号相同，因此，实际上要进行 N_1 加 N_2 的运算，其结果为负。运算结果为原码，即 $[N_1 - N_2]_原 = 11110$。

故其真值为 $N_1 - N_2 = -1110$

2. 反码运算

反码运算比原码运算来得方便。两数和的反码等于两数的反码之和，两数差的反码也可以用两数反码的加法来实现。值得注意的是，反码运算时，符号位和数值位一样参加运算，如果符号位产生了进位，则此进位应加到和数的最低位，称之为"循环进位"。反码加、减运算规则是

$$[N_1 + N_2]_反 = [N_1]_反 + [N_2]_反 + 符号位产生的进位 \qquad (1.3.1)$$

$$[N_1 - N_2]_反 = [N_1]_反 + [-N_2]_反 + 符号位产生的进位 \qquad (1.3.2)$$

运算结果符号位为 0 时，说明运算结果是正数，正数的反码与原码相同；运算结果符号位为 1 时，说明运算结果是负数，此时应对结果再求反码才能得原码。下面举例说明。

例 1.3.2　已知 $N_1 = +1100$，$N_2 = +0010$，用反码求 $N_1 + N_2$ 和 $N_1 - N_2$ 的真值。

解：（1）求 $N_1 + N_2$ 的真值。

$$[N_1]_反 = 01100 \qquad [N_2]_反 = 00010$$

由式（1.3.1）所示运算规则可得

```
    01100
 +) 00010
 ─────────
    01110
```

由于符号位运算结果并未产生进位，或者说进位为 0，所以有

$$[N_1 + N_2]_反 = 01110$$

故其真值为

$$N_1 + N_2 = +1110$$

（2）求 $N_1 - N_2$ 的真值。

$$[N_1 - N_2]_反 = [N_1 + (-N_2)]_反$$

$$[N_1]_反 = 01100 ， [-N_2]_反 = 11101$$

由式（1.3.2）所示运算规则得

```
    0 1100
+)  1 1101
─────────
①  0 1001
+)  └──→1
─────────
    0 1010
```

由于符号位产生了进位，因此要进行"循环进位"。

$$[N_1 - N_2]_反 = 01010$$

其真值为

$$N_1 - N_2 = +1010$$

3. 补码运算

补码加、减运算规则为

$$[N_1 + N_2]_补 = [N_1]_补 + [N_2]_补 \tag{1.3.3}$$

$$[N_1 - N_2]_补 = [N_1]_补 + [-N_2]_补 \tag{1.3.4}$$

补码的加、减运算规则表明：两数和的补码等于两数的补码之和，而两数差的补码也可以用加法来实现。运算时，符号位和数值位一起参加运算，如果符号位产生进位，则只需将此进位"丢掉"。运算结果的符号位为 0 时，说明是正数的补码，正数的补码和原码相同；运算结果的符号为 1 时，说明是负数的补码，此时应对结果再求补才得原码。下面举例说明。

例 1.3.3　已知 $N_1 = -1100$ ， $N_2 = -0010$ ，用补码求 $N_1 + N_2$ 和 $N_1 - N_2$ 的真值。

解：（1）求 $N_1 + N_2$ 的真值。

$$[N_1]_补 = 10100 ， [N_2]_补 = 11110$$

由式（1.3.3）所示运算规则得

```
     10100
+)   11110
─────────
丢弃 ①10010
```

由于符号位产生了进位，因此，要将此进位丢掉，即

$$[N_1 + N_2]_补 = 10010$$

运算结果是补码，由于符号位为 1，说明是负数的补码，应对运算结果再求补码才得到原码，即

$$[N_1 + N_2]_{原} = \{ [N_1 + N_2]_{补} \}_{补} = 11110$$

故其真值为

$$N_1 + N_2 = -1110$$

（2）求 $N_1 - N_2$ 的真值。

$$[N_1 - N_2]_{补} = [N_1 + (-N_2)]_{补}$$

$$[N_1]_{补} = 10100 , \quad [-N_2]_{补} = 00010$$

由式（1.3.4）所示运算规则得

$$\begin{array}{r} 10100 \\ +)\ 00010 \\ \hline 10110 \end{array}$$

即

$$[N_1 - N_2]_{补} = 10110$$

运算结果是补码，由于符号位为 1，说明是负数的补码，应对运算结果再求补码才得到原码，即

$$[N_1 - N_2]_{原} = \{ [N_1 - N_2]_{补} \}_{补} = 11010$$

故其真值为

$$N_1 - N_2 = -1010$$

通过上面的讨论可以看出，原码表示法简单直观，但进行加、减运算较复杂。原码减法必须做真正的减法，不能用加法来代替。这样，实现原码运算所需的逻辑电路也较复杂，并增加了机器的运算时间。用反码和补码进行加、减运算时，减法运算也是用加法完成，所以反码和补码表示法可以使加、减运算变得简单，且容易用逻辑电路实现。但用反码进行减法运算，若符号位产生进位就需要进行两次算术相加。用补码进行减法运算较方便，因为它只需要进行一次算术相加。因此，在近代计算机中，加、减法几乎都采用补码运算。

但是在补码的运算过程中还要防止溢出。溢出往往出现在同符号的数字相加或不同符号相减的场合。

例 1.3.4 已知 $N_1 = +1000$ ，$N_2 = +1001$ ，用补码求 $N_1 + N_2$ 的真值。

解：（1）$[N_1]_{补} = 01000$ ，$[N_2]_{补} = 01001$

由式（1.3.3）所示运算规则得

$$\begin{array}{r} 01000 \\ +)\ 01001 \\ \hline 10001 \end{array}$$

$$[N_1 + N_2]_{补} = 10001$$

运算结果是补码，由于符号位为 1，说明是负数的补码，应对运算结果再求补码才得到原码，即

$$[N_1+N_2]_原=\left\{[N_1+N_2]_补\right\}_补=11110$$

故其真值为

$$N_1+N_2=-1110$$

然而 + 1000 与 + 1001 的和等于一个正数，不可能为负数，因此计算出现了错误，出现错误的原因在于数值位不够，解决的办法是增加一个数值位，具体过程如下：

$$[N_1]_补=001000，\quad [N_2]_补=001001$$

由式（1.3.3）所示运算规则得

$$\begin{array}{r} 001000 \\ +)\ 001001 \\ \hline 010001 \end{array}$$

$$[N_1+N_2]_补=010001$$

因为符号位为 0，所以为正数，故其真值为

$$N_1+N_2=+10001$$

这样 + 1000 与 + 1001 相加就得到一个正数，也就是（ + 8）+（ + 9）= +（17）。

1.4 码 制

在数字系统中，由 0 和 1 组成的二进制数码不仅可以表示数值的大小，而且还可以表示特定的信息。这种具有特定含义的数码称之为二进制代码。

一般来说，数码已没有表示数量大小的含意，只是表示不同事物的代号而已。例如可以用码代表某个数码、某个字符或者某件事情等信息，当然也可以代表某个数。为便于记忆和处理，在编制代码时总要遵循一定的规则，这些规则就叫做码制。常见的二进制代码有二-十进制码和格雷码等。

1.4.1 二—十进制代码

二—十进制代码（Binary Coded Decimal，简称 BCD）是用 4 位二进制数来表示十进制数的十个数码。BCD 码既具有二进制数的形式，又具有十进制数的特点。

十进制数有 0 ~ 9 共 10 个数字，所以表示 1 位十进制数，至少需要 4 位二进制数。但应当指出的是，4 位二进制数可以产生 2^4 = 16 种组合，用 4 位二进制数表示 1 位十进制数，有 6 种组合是多余的。十进制数的二进制编码可以有许多种方法，即有许多种不同的编码方案，每种编码都有它的特点。表 1.4.1 列举了目前常用的几种编码方案。

表 1.4.1　几种常见的 BCD 码

十进制数	有权码			无权码	
	8421 码	2421 码	5421 码	余 3 码	余 3 循环码
0	0000	0000	0000	0011	0010
1	0001	0001	0001	0100	0110
2	0010	0010	0010	0101	0111
3	0011	0011	0011	0110	0101
4	0100	0100	0100	0111	0100
5	0101	1011	1000	1000	1100
6	0110	1100	1001	1001	1101
7	0111	1101	1010	1010	1111
8	1000	1110	1011	1011	1110
9	1001	1111	1100	1100	1010

下面重点介绍两种常用的 BCD 码。

1. 8421 BCD 码

8421 BCD 码是最基本最简单的一种编码方案，应用十分广泛。这种编码方案是，将每个十进制数字用 4 位二进制数表示，按自然二进制数的规律排列，且指定前面 10 种代码依次表示 0~9 的 10 个数字。8421 BCD 码是一种有权码，每位都有固定的权。各位的权从左到右分别为 8、4、2、1，其按权展开式如下

$$N = b_3W_3 + b_2W_2 + b_1W_1 + b_0W_0 \tag{1.4.1}$$

式中，b_3，b_2，b_1，b_0 为各位的数码；W_3，W_2，W_1，W_0 为各位的权值。

8421 BCD 码的权为 $W_3 = 2^3 = 8$，$W_2 = 2^2 = 4$，$W_1 = 2^1 = 2$，$W_0 = 2^0 = 1$。

例如，8421 BCD 码 0110 的按权展开式为

$$0 \times 8 + 1 \times 4 + 1 \times 2 + 0 \times 1 = 6$$

因而，代码 0110 表示十进制数 6。

8421 BCD 码对于 10 个十进制数字的表示与普通二进制数的表示完全一样，很容易实现彼此之间的转换。这种码具有奇偶特性，当十进制数为奇数值时，其所对应的二进制代码的最低位为 1；当十进制数为偶数值时，其所对应的二进制代码的最低位为 0。因此，采用 8421 BCD 码容易辨别奇偶。必须指出的是：在 8421 BCD 码中，不允许出现 1010~1111 这几个代码，因为在一位十进制数中，没有数同它们对应。也就是说，在 8421 BCD 码中，1010~1111 这几个代码为无效代码。但 8421 码是指 4 位自然二进制代码，不是 BCD 码，所以没有无效代码。

2. 余 3 BCD 码

余 3 BCD 码是一种特殊的 BCD 码，它是由 8421 BCD 码加 3 后形成的，所以叫做余 3

BCD 码。例如，十进制数 4 在 8421 BCD 码中是 0100，在余 3 BCD 码中就成为 0111。余 3 BCD 码的各位无固定的权，属无权码。

1.4.2　可靠性编码

实际上，代码在形成和传输的过程中都有可能发生错误。为使代码在形成和传输中不易出错，或者出错时容易发现，甚至能查出错误的位置，产生了几种可靠性编码的方法。目前，常用的可靠性编码有格雷（Gray）码、奇偶校验码等。

1. 格雷码（Gray Code）

格雷码是一种无权码，它的特点是：相邻两个代码之间仅有 1 位不同，其余各位均相同。表 1.4.2 给出了四位格雷码。

表 1.4.2　四位格雷码

十进制数	二进制码	格雷码	十进制数	二进制码	格雷码
0	0000	0000	8	1000	1100
1	0001	0001	9	1001	1101
2	0010	0011	10	1010	1111
3	0011	0010	11	1011	1110
4	0100	0110	12	1100	1010
5	0101	0111	13	1101	1011
6	0110	0101	14	1110	1001
7	0111	0100	15	1111	1000

仔细观察表 1.4.2，不难发现格雷码的特点是：任意相邻的两个代码之间，仅有一位码字不同，其余各位均相同。

在数字系统中，经常要求代码按一定顺序变化，例如按自然二进制规律计数。如果两个相邻的十进制数 5 和 6，它们的二进制代码分别为 0101 和 0110，则当用二进制进行加法计数时，十进制数从 5 变到 6，其相应的二进制代码从 0101 变到 0110，二进制代码 0101 的最低两位都要改变。这意味着硬件电路中有两处的电位必须同时改变，若这两处电位变化不是那么同步，那在计数过程中就可能短暂地出现其他代码（0111 或 0100），尽管这种误码出现时间是短暂的，但有时却是不允许的，因为这可能导致电路状态错误或输出错误，而采用格雷码就可避免这种错误。

格雷码和二进制码之间经常需要互转换，转换方法如下。

1）二进制码到格雷码的转换

（1）格雷码的最高位（最左边）与二进制码的最高位相同；

（2）从左到右，逐一将二进制码的相邻 2 位相加（舍去进位），作为格雷码的下一位。

例 1.4.1　将二进制码 1001 转换成格雷码。

解：转换过程如下：

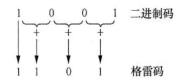

所以，二进制码 1001 对应的格雷码为 1101。

2）格雷码到二进制码的转换

（1）二进制码的最高位（最左边）与格雷码的最高位相同；

（2）将产生的每一位二进制码，与下一位相邻的格雷码相加（舍去进位），作为二进制码的下一位。

例 1.4.2 将格雷码 0111 转换成二进制码。

解：转换过程如下：

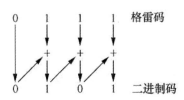

所以，格雷码 0111 对应的二进制码为 0101。

2. 奇偶校验码

奇偶校验码是一种能检验出二进制信息在传送过程中出现错误的代码。这种代码由两部分组成：一部分是信息位，这就是需要传送的信息码本身；另一部分是奇偶校验位，它使整个代码中 1 的个数按预先规定成为奇数或偶数。由若干位信息位加上一位校验位所构成的代码为奇偶校验码。当信息位和校验位中 1 的总个数为奇数时，称为奇校验码，而 1 的总个数为偶数时，称为偶校验码。

表 1.4.3 所示是由 4 位信息位及 1 位奇偶校验位构成的 5 位奇偶校验码。这种编码的特点是：使每一个代码中含有 1 的个数总是奇（偶）数。这样，一旦某一代码在传送过程中出现 1 的个数不是奇（偶）数个时，就会被发现。

表 1.4.3   十进制数码的奇偶校验码

十进制数码	带奇校验的 8421 BCD 码		带偶校验的 8421 BCD 码	
	信息位	校验位	信息位	校验位
0	0000	1	0000	0
1	0001	0	0001	1
2	0010	0	0010	1
3	0011	1	0011	0
4	0100	0	0100	1
5	0101	1	0101	0
6	0110	1	0110	0
7	0111	0	0111	1
8	1000	0	1000	1
9	1001	1	1001	0

必须指出，奇偶校验码只能发现代码的一位（或奇数位）出错，而不能发现两位（或偶数位）出错。由于两位出错的概率远低于一位出错的概率，所以用奇偶校验码来检测代码在传送过程中的错误是有效的。

1.4.3 字符代码

计算机处理的数据不仅有数码，还有字母、标点符号、运算符号及其他特殊符号，这些数字、字母和专用符号统称为字符。通常，字符都必须用二进制代码来表示。把用于表示各种字符的二进制代码称为字符代码。

目前，国际上采用的 ASCII 码（美国标准信息交换码）是一种常用的字符代码。ASCII 码是一种七单位代码，用七位二进制数表示 128 种不同的字符，其中有 96 个图形字符，它们是 26 个大写英文字母和 26 个小写英文字母，10 个数字符号，34 个专用符号。此外，还有 32 个控制字符。ASCII 码的编码如表 1.4.4 所示。

表 1.4.4 七位 ASCII 码编码表

低 4 位代码 ($a_4\,a_3\,a_2\,a_1$)	高 3 位代码（$a_7\,a_6\,a_5$）							
	000	001	010	011	100	101	110	111
0000	NUL	DLE	SP	0	@	P	、	p
0001	SOH	DC1	!	1	A	Q	a	q
0010	STX	DC2	"	2	B	R	b	r
0011	ETX	DC3	#	3	C	S	c	s
0100	EOT	DC4	$	4	D	T	d	t
0101	ENQ	NAK	%	5	E	U	e	u
0110	ACK	SYN	&	6	F	V	f	v
0111	BEL	ETB	'	7	G	W	g	w
1000	BS	CAN	(	8	H	X	h	x
1001	HT	EM	)	9	I	Y	i	y
1010	LF	SUB	*	:	J	Z	j	z
1011	VT	ESC	+	;	K	[	k	{
1100	FF	FS	,	<	L	\	l		
1101	CR	GS	-	=	M	]	m	}
1110	SO	RS	.	>	N	∧	n	~
1111	SI	US	/	?	O	-	o	DEL

注：

NUL	空白	SOH	序始	STX	文始	ETM	文终	EOT	送毕
ENQ	询问	ACK	承认	BEL	告警	BS	退格	HT	横表
LF	换行	VT	纵表	FF	换页	CR	回车	SO	移出
SI	移入	DLE	转义	DC1	机控1	DC2	机控2	DC3	机控3
DC4	机控4	NAK	否认	SYN	同步	ETB	组终	CAN	作废
EM	载终	SUB	取代	ESC	扩展	FS	卷隙	GS	群隙
RS	录隙	US	元隙	SP	间隔	DEL	抹掉		

本章小结

本章介绍了二进制数、十进制数、八进制数和十六进制数及其相互转换。对于带符号的二进制数，在数字逻辑系统通常用原码、反码和补码表示。本章讨论了利用它们进行加减运算的方法，通过对比，得出在数字逻辑系统用补码运算较为方便的结论。在数字逻辑系统几乎任何事物都是用二进制代码表示。本章最后介绍了几种常用的二进制代码。

习 题

1.1 把下列不同进制数写成按权展开形式。

（1）$(3825.267)_D$ （3）$(653.247)_O$ （2）$(11010.1011)_B$ （4）$(7D8.24A)_H$

1.2 将下列二进制数转换为十六进制数和十进制数。

（1）$(110010111)_B$ （2）$(0.1101)_B$ （3）$(1101.101)_B$

1.3 将下列十进制数转换成二进制数，要求二进制数保留小数点以后 4 位有效数字。

（1）$(156)_D$ （2）$(0.39)_D$ （3）$(82.67)_D$

1.4 将下列十六进制数转换为二进制数。

（1）$(B5)_H$ （2）$(3B.CE)_H$ （3）$(7F.FF)_H$ （4）$(10.00)_H$

1.5 完成下列二进制表达式的运算。

（1）$10111 + 101.101$ （3）10.01×1.01

（2）$1100 - 111.011$ （4）$1001.0001 \div 11.101$

1.6 已知二进制真值 $N_1 = +1011$，$N_2 = -10110$，$N_3 = +10111$，$N_4 = -100011$，试分别求出在 8 位机中它们的原码、反码和补码表示。

1.7 请用补码完成如下运算。

（1）$3 - 5 = ?$ （2）$12 + （-3） = ?$

1.8 将下列 8421 BCD 码转换成十进制数和二进制数。

（1）011010000011   （2）01000101.1001

1.9 试用 8421 BCD 码分别表示下列各数。

（1）$(695)_D$ （2）$(57.09)_D$

1.10 将下列二进制数转换为格雷码。

（1）110   （2）1101   （3）10101   （4）1101

1.11 将下列格雷码转换为二进制数。

（1）101   （2）1000   （3）11101   （4）10010

第 2 章　数字逻辑基础

本章介绍分析和设计数字电路的数学工具：逻辑代数。首先介绍逻辑代数的基本公式和定理，然后介绍逻辑函数及其表示方法，最后介绍逻辑函数的化简方法。

2.1　逻辑运算

2.1.1　逻辑常量与逻辑变量

在数字电路中，1 位二进制数码的 0 和 1 不仅可以表示数量的大小，而且可以表示两种不同的逻辑状态。0 和 1 是逻辑代数中的两种逻辑常量。而逻辑变量可以用 A、B、C、x、y、z 等字母组成，逻辑变量只有两个可取的值，即 0 和 1，分别用来表示两种完全对立的逻辑状态。

当 0 和 1 表示逻辑状态时，两个二进制数码按照某种指定的因果关系进行的运算称为逻辑运算。这种逻辑运算与算术运算有本质上的不同，它所使用的数学工具是逻辑代数（又称开关代数或布尔代数）。

2.1.2　三种基本的逻辑运算

逻辑代数的基本运算有"与""或""非"三种逻辑运算。逻辑运算的常用表示形式有逻辑函数表达式、真值表和逻辑图。输出逻辑变量与输入逻辑变量的函数关系称为逻辑函数。输入逻辑变量所有取值的组合与其所对应的输出逻辑函数值构成的表格，称为真值表。用规定的逻辑符号表示的图形称为逻辑图。

1．"与"逻辑

只有决定事物结果的全部条件同时具备时，结果才发生。这种因果关系叫做"与"逻辑。

图 2.1.1 所示电路为一个"与"逻辑电路。有一个开关断开或者两个开关都断开时，指示灯不亮；只有两个开关同时闭合时，指示灯才亮。

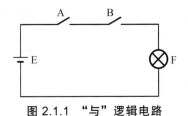

图 2.1.1　"与"逻辑电路

若用 A、B 表示开关的状态，并用 1 表示开关闭合，用 0 表示开关断开；用 F 表示指示灯的状态，并用 1 表示灯亮，用 0 表示不亮，则可以列出用 0、1 表示的"与"逻辑关系的图表，如表 2.1.1 所示。这种图表叫做"与"逻辑的真值表。

表 2.1.1　"与"逻辑真值表

A	B	F
0	0	0
0	1	0
1	0	0
1	1	1

"与"逻辑可用逻辑表达式表示为

$$F = A \cdot B = AB \tag{2.1.1}$$

能实现"与"逻辑的电路称为与门，其逻辑符号如图 2.1.2 所示，其中图（a）为特异形符号，图（b）为矩形符号。

（a）特异形符号　　　　　　　（b）矩形符号

图 2.1.2　与门的逻辑符号

2. "或"逻辑

决定事物结果的所有条件中只要有任何一个满足，结果就会发生。这种因果关系叫做"或"逻辑。图 2.1.3 所示电路为一个"或"逻辑电路。只要两个开关中任何一个闭合，指示灯就会亮；只有两个开关都断开时，指示灯不会亮。

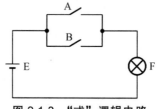

图 2.1.3　"或"逻辑电路

按照前述假设，可以得出"或"逻辑的真值表，如表 2.1.2 所示。

表 2.1.2　"或"逻辑真值表

A	B	F
0	0	0
0	1	1
1	0	1
1	1	1

"或"逻辑表达式为

$$F = A + B \quad\quad\quad (2.1.2)$$

能实现"或"逻辑的电路称为或门，其逻辑符号如图 2.1.4 所示，其中图（a）为特异形符号，图（b）为矩形符号。

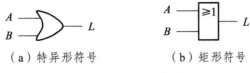

（a）特异形符号　　　　　　（b）矩形符号

图 2.1.4　或门的逻辑符号

3. "非"逻辑

只要条件具备了，结果便不会发生，而条件不具备时，结果一定发生。这种因果关系叫做"非"逻辑。图 2.1.5 所示电路为一个"非"逻辑电路。当开关接通时，指示灯不亮；而当开关断开时，指示灯亮。

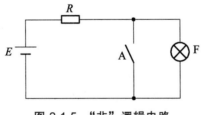

图 2.1.5　"非"逻辑电路

"非"逻辑的真值表如表 2.1.3 所示。

表 2.1.3　"非"逻辑真值表

A	F
0	1
1	0

"非"逻辑表达式为

$$F = \overline{A} \quad\quad\quad (2.1.3)$$

能实现"非"逻辑的电路称为非门，其逻辑符号如图 2.1.6 所示，其中图（a）为特异形符号，图（b）为矩形符号。

（a）特异形符号　　　　　　（b）矩形符号

图 2.1.6　非门的逻辑符号

2.1.3　常见的复合逻辑运算

实际的逻辑问题往往比"与""或""非"复杂得多,不过它们都可以用"与""或""非"的组合来实现。最常见的复合逻辑运算有"与非""或非""异或""同或"等。

1. "与非"

"与非"逻辑是"与"逻辑和"非"逻辑的组合,逻辑符号和真值表分别如图 2.1.7 和表 2.1.4 所示。

"与非"的逻辑表达式为

$$F = \overline{A \cdot B}　　　　　　　　　　　　　　　　（2.1.4）$$

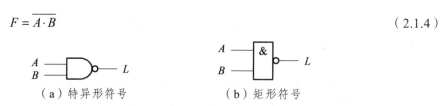

（a）特异形符号　　　　　　　　　　（b）矩形符号

图 2.1.7　与非门的逻辑符号

表 2.1.4　"与非"逻辑真值表

A	B	F
0	0	1
0	1	1
1	0	1
1	1	0

2. "或非"

"或非"逻辑是"或"逻辑和"非"逻辑的组合,逻辑符号和真值表分别如图 2.1.8 和表 2.1.5 所示。

"或非"的逻辑表达式为

$$F = \overline{A + B}　　　　　　　　　　　　　　　　（2.1.5）$$

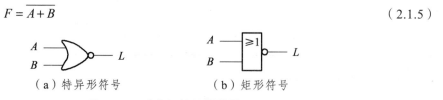

（a）特异形符号　　　　　　　　　　（b）矩形符号

图 2.1.8　或非门的逻辑符号

表 2.1.5　"或非"逻辑真值表

A	B	F
0	0	1
0	1	0
1	0	0
1	1	0

3. "异或"

"异或"的逻辑关系是：当两个输入状态不同时，输出为 1；当两个输入状态相同时，输出为 0。"异或"的逻辑符号和真值表分别如图 2.1.9 和表 2.1.6 所示。

"异或"的逻辑表达式为

$$F = A \oplus B = \overline{A} \cdot B + A \cdot \overline{B} \tag{2.1.6}$$

（a）特异形符号　　　　　　　　（b）矩形符号

图 2.1.9　异或门的逻辑符号

表 2.1.6　"异或"逻辑真值表

A	B	F
0	0	0
0	1	1
1	0	1
1	1	0

4. "同或"

"同或"和"异或"的逻辑关系刚好相反：当两个输入状态相同时，输出为 1；当两个输入状态不同时，输出为 0。逻辑符号和真值表分别如图 2.1.10 和表 2.1.7 所示。

"同或"的逻辑表达式为

$$F = A \odot B = A \cdot B + \overline{A} \cdot \overline{B} \tag{2.1.7}$$

（a）特异形符号　　　　　　　　（b）矩形符号

图 2.1.10　同或门的逻辑符号

表 2.1.7　"同或"逻辑真值表

A	B	F
0	0	1
0	1	0
1	0	0
1	1	1

由表 2.1.6 和表 2.1.7 可知，"异或"和"同或"互为反运算，即

$$\overline{A \odot B} = A \oplus B \tag{2.1.8}$$

$$\overline{A \oplus B} = A \odot B \tag{2.1.9}$$

2.2 逻辑代数的基本定理和规则

2.2.1 逻辑代数的基本定律和定理

逻辑代数是 1854 年问世的，最早用于开关和继电器网络的分析和简化。随着半导体器件制造工艺的发展，各种良好的微电子开关器件不断涌现，逻辑代数成为分析和设计逻辑电路不可缺少的数学工具。利用这种数学工具，可以把逻辑电路输入和输出之间的关系用代数方程表现出来。

逻辑代数有一系列的定律、定理和规则，用它们对逻辑表达式进行处理，可以完成对逻辑电路的化简、变换、分析和设计。表 2.2.1 列出了逻辑代数基本定律和恒等式。等式中的字母为逻辑变量，其值可以取 0 和 1，代表逻辑信号的两种可能状态之一。

表 2.2.1 逻辑代数的基本定律、定理和恒等式

名 称	定律、定理和恒等式	
0-1 律	$A + 1 = 1$	$A \cdot 0 = 0$
自等律	$A + 0 = A$	$A \cdot 1 = A$
重叠律	$A + A = A$	$A \cdot A = A$
还原律	$\overline{\overline{A}} = A$	
互补律	$A + \overline{A} = 1$	$A \cdot \overline{A} = 0$
交换律	$A + B = B + A$	$A \cdot B = B \cdot A$
结合律	$(A + B) + C = A + (B + C)$	$(A \cdot B) \cdot C = A \cdot (B \cdot C)$
分配律	$A \cdot (B + C) = A \cdot B + A \cdot C$	$A + B \cdot C = (A + B) \cdot (A + C)$
反演律	$\overline{A + B} = \overline{A} \cdot \overline{B}$	$\overline{A \cdot B} = \overline{A} + \overline{B}$
恒等式	$A + \overline{A} \cdot B = A + B$	$A \cdot B + \overline{A} \cdot C + B \cdot C = A \cdot B + \overline{A} \cdot C$

用完全归纳法可以证明表 2.2.1 所列等式的正确性，方法是：列出等式左边函数与右边函数的真值表，如果等式两边的真值表相同，则说明等式成立。例如，要证明恒等式 $A + \overline{A} \cdot B = A + B$ 时，按变量 A、B 所有可能取值情况列出真值表如表 2.2.2 所示。表中第 3 列和第 4 列的结果相同，故等式 $A + \overline{A} \cdot B = A + B$ 成立。

表 2.2.2 恒等式 $A + \overline{A} \cdot B = A + B$ 的证明

A B	$\overline{A} \cdot B$	$A + \overline{A} \cdot B$	$A + B$
0 0	0	0	0
0 1	1	1	1
1 0	0	1	1
1 1	0	1	1

2.2.2　逻辑代数的基本规则

1. 代入规则

代入规则：在任何一个包含某变量的逻辑等式中，若以另外一个逻辑式代入式中该变量的所有位置，则等式仍然成立。

例如，在 $\overline{A+B}=\overline{A}\cdot\overline{B}$ 中，将所有出现 B 的地方都用 $B+C$ 代替，则 $\overline{A+(B+C)}=\overline{A}\cdot\overline{B+C}=\overline{A}\cdot\overline{B}\cdot\overline{C}$。以此类推，任意多个变量的代入规则都成立。

2. 反演规则

反演规则：对于任意一个逻辑函数表达式 F，若将其中所有的"·"变成"+"，"+"变成"·"，0 变成 1，1 变成 0，原变量变成反变量，反变量变成原变量，则得到的结果就是逻辑函数 F 的反函数 $\overline{F}$。

在使用反演规则时，还必须注意以下两个原则：

① 保持原函数的运算顺序不变；

② 不属于单个变量上的非号应保留不变。

例 2.2.1　试求 $F=\overline{A+\overline{B}\cdot C}$ 的反函数 $\overline{F}$。

解：根据反演规则可写出

$$\overline{F}=\overline{\overline{A}\cdot B+\overline{C}}$$

3. 对偶规则

对于任何一个逻辑函数表达式 F，若将其中的"·"换成"+"，"+"换成"·"，0 换成 1，1 换成 0，则得到一个新的逻辑表达式 F'，这个 F' 叫做 F 的对偶式。

例如：$F=(A+\overline{B})\cdot(\overline{A}+C)$，则 $F'=A\cdot\overline{B}+\overline{A}\cdot C$

对偶规则：若两逻辑表达式相等，则它们的对偶式也相等。

例如表 2.2.1 中分配律 $A\cdot(B+C)=A\cdot B+A\cdot C$ 成立，利用对偶规则，它的对偶式 $A+B\cdot C=(A+B)\cdot(A+C)$ 也是成立的。

2.3　逻辑函数的表示方法及标准形式

2.3.1　逻辑函数的表示方法

从上面所述的各种逻辑关系中可以看到，如果以逻辑变量作为输入，以运算结果作为输出，那么当输入变量的取值确定之后，输出的取值便随之而定。因此，输出与输入之间是一种函数关系，这种函数关系称为逻辑函数，写作：$Y=L(A，B，C，\cdots)$。逻辑函数中变量和输出（函数）的取值只有 0 和 1 两种状态。

任何一种具体的因果关系都可以用一个逻辑函数描述。例如，图 2.3.1 是一个楼道照明电路，可以用一个逻辑函数描述它的逻辑功能。图中，A 表示楼下开关，B 表示楼上开关。两个开关的 a 点、b 点和 c 点、d 点分别用导线连接起来。由图可知，当开关 A 接点 a、开关 B 接点 b，或者开关 A 接点 c、开关 B 接点 d 时，灯 L 便亮；当开关 A 接点 a、开关 B

接点 d，或者开关 A 接点 c、开关 B 接点 b 时，灯 L 熄灭；显然，当开关 A、B 的状态确定后，灯 L 的状态就确定了，即 L 是 A、B 的函数。A、B 叫做输入逻辑变量，L 叫做输出逻辑变量。

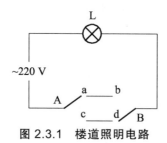

图 2.3.1　楼道照明电路

逻辑函数描述的是输入逻辑变量和输出逻辑变量之间的逻辑关系，可以用逻辑真值表、逻辑表达式、逻辑图、波形图和卡诺图等方法来表示。本节只介绍前面 4 种表示方法，用卡诺图表示逻辑函数的方法将在 2.5 节介绍。

1. 逻辑真值表

将输入变量所有可能的取值与相应的函数值列成表格，即可得到真值表。

在图 2.3.1 所示楼道照明电路中，开关 A 接 a 点用 1 表示，接 c 点用 0 表示；开关 B 接 b 点用 1 表示，接 d 点用 0 表示；灯 L 亮用 1 表示，灭用 0 表示；根据电路的工作原理可知，当 $A=1$、$B=1$ 或者 $A=0$、$B=0$ 时，$L=1$；当 $A=0$、$B=1$ 或者 $A=1$、$B=0$ 时，$L=0$；于是可列出图 2.3.1 的真值表。

表 2.3.1　图 2.3.1 的真值表

A	B	L
0	0	1
0	1	0
1	0	0
1	1	1

2. 逻辑表达式

逻辑表达式是用"与""或""非"等运算组合起来，表示逻辑函数与逻辑变量之间的逻辑代数式。

如果已经列出了函数的真值表，则可按以下步骤写出逻辑表达式。

① 找出真值表中使逻辑函数 $L=1$ 的那些输入变量取值的组合。

② 每组输入变量取值的组合对应一个乘积项，其中取值为 1 的写成原变量，取值为 0 的写成反变量。

③ 将这些乘积项相加，即得 L 的逻辑函数表达式。

例如，在表 2.3.1 中，当变量 A、B 的取值分别为 00、11 时，函数值 $L=1$。对应这些变量取值组合的乘积项分别为 $\overline{A}\cdot\overline{B}$、$A\cdot B$，将这些乘积项相加，即得逻辑表达式为

$$L=\overline{A}\cdot\overline{B}+A\cdot B$$

反之，也可以由逻辑表达式列出真值表。例如某逻辑函数表达式为

$$L = \overline{B} \cdot C + \overline{A} \cdot B \cdot \overline{C} + A \cdot \overline{B}$$

该逻辑表达式有 3 个输入变量，共有 8 种不同的取值组合，把各种组合的取值分别代入逻辑表达式中进行运算，求出相应的逻辑函数值，即可列出真值表，见表 2.3.2。

表 2.3.2　函数 $L = \overline{B} \cdot C + \overline{A} \cdot B \cdot \overline{C} + A \cdot \overline{B}$ 的真值表

A B C	L
0　　0　　0	0
0　　0　　1	1
0　　1　　0	1
0　　1　　1	0
1　　0　　0	1
1　　0　　1	1
1　　1　　0	0
1　　1　　1	0

3. 逻辑图

用"与""或""非"等逻辑符号表示逻辑函数中各变量之间的逻辑关系所得到的图，称为逻辑图。

根据逻辑表达式可以画出逻辑图。具体的方法是：将函数表达式中所有的"与""或""非"运算符号用图形符号代替，并依据运算优先顺序把这些图形符号连接起来，就得到了逻辑图。如逻辑表达式 $L = \overline{A} \cdot \overline{B} + A \cdot B$，可用 2 个非门、2 个与门和 1 个或门来实现，如图 2.3.2 所示。

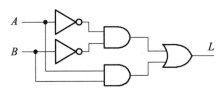

图 2.3.2　逻辑函数 $L = \overline{A} \cdot \overline{B} + A \cdot B$ 的逻辑图

反之，也可以由逻辑图写出逻辑表达式。例如，某逻辑函数的逻辑图如图 2.3.3 所示，从逻辑图的输入端到输出端，逐级写出每个逻辑符号输出端的表达式，即可得到输出逻辑函数的逻辑表达式为 $L = \overline{A} \cdot B + A \cdot \overline{B}$。

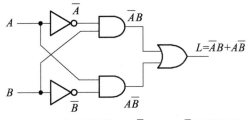

图 2.3.3　逻辑函数 $L = \overline{A} \cdot B + A \cdot \overline{B}$ 的逻辑图

4. 波形图

波形图就是由输入变量的所有可能取值组合的高、低电平及其对应的输出函数值的高、低电平所构成的图形。波形图可以将输出函数的变化和输入变量的变化之间在时间上的对应关系直观地表示出来，因此又称为时间图或时序图。如逻辑函数 $L = \overline{A} \cdot \overline{B} + A \cdot B$，当输入变量 A、B 的取值分别为 00、11 时，函数值 $L = 1$，其余情况下 $L = 0$，故可以用图 2.3.4 所示的波形图来表示该函数。

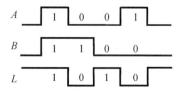

图 2.3.4　逻辑函数 $L = \overline{A} \cdot \overline{B} + A \cdot B$ 的波形图

2.3.2　逻辑函数的两种标准形式

任何一个逻辑函数，其表达式的形式都不是唯一的，但标准形式是唯一的。标准形式有两种：最小项之和形式和最大项之积形式。

1. 最小项与最小项之和表达式

1）最小项的定义和性质

在 n 变量逻辑函数中，若 m 为包含 n 个因子的乘积项，而且这 n 个变量均以原变量或反变量的形式在 m 中出现一次，则称 m 为该组变量的最小项。

例如，A、B、C 三个变量的最小项有 $\overline{A} \cdot \overline{B} \cdot \overline{C}$、$\overline{A} \cdot \overline{B} \cdot C$、$\overline{A} \cdot B \cdot \overline{C}$、$\overline{A} \cdot B \cdot C$、$A \cdot \overline{B} \cdot \overline{C}$、$A \cdot \overline{B} \cdot C$、$A \cdot B \cdot \overline{C}$、$A \cdot B \cdot C$，共 8 个最小项。$n$ 个变量的最小项应有 2^n 个。

最小项通常用 m_i 表示，下标 i 为最小项编号。将最小项中的原变量用 1 表示，非变量用 0 表示，所得到的二进制数所对应的十进制数为最小项的编号 i。例如，3 个变量的最小项 $A \cdot \overline{B} \cdot C$，它对应的二进制数取值为 101，由于 $(101)_B = (5)_D$，所以把最小项 $A \cdot \overline{B} \cdot C$ 记作 m_5。三个变量 A、B、C 的 8 个最小项的编号如表 2.3.3 所示。

表 2.3.3　三变量最小项的编号表

最小项	使最小项为 1 的变量取值			对应的十进制数	编号
	A	B	C		
$\overline{A}\overline{B}\overline{C}$	0	0	0	0	m_0
$\overline{A}\overline{B}C$	0	0	1	1	m_1
$\overline{A}B\overline{C}$	0	1	0	2	m_2
$\overline{A}BC$	0	1	1	3	m_3
$A\overline{B}\overline{C}$	1	0	0	4	m_4
$A\overline{B}C$	1	0	1	5	m_5
$AB\overline{C}$	1	1	0	6	m_6
ABC	1	1	1	7	m_7

根据最小项的定义，可以得到最小项的性质：

① 在输入变量的任何取值下必有一个最小项，而且只有一个最小项的值为 1。

② 全体最小项之和为 1。

③ 任意两个最小项之积为 0。

④ 具有逻辑相邻性的两个最小项可以合并成一项并消去一对因子。

若两个最小项只有一个因子不同，则称这两个最小项具有逻辑相邻性。例如，$A \cdot \overline{B} \cdot C$ 和 $A \cdot B \cdot C$ 两个最小项仅有第二个因子不同，所以它们具有逻辑相邻性。这两个最小项相加时定能合并成一项并将一对不同的因子消去。例如：

$$A \cdot \overline{B} \cdot C + A \cdot B \cdot C = A \cdot C \cdot (B + \overline{B}) = A \cdot C$$

2）逻辑函数的最小项之和标准形式

利用基本公式 $A + \overline{A} = 1$ 可以把任何一个逻辑函数化为最小项之和的标准形式。

例 2.3.1　将逻辑函数 $L(A, B, C) = A \cdot B + \overline{A} \cdot C$ 变换成最小项之和的形式。

解：
$$
\begin{aligned}
L(A, B, C) &= A \cdot B + \overline{A} \cdot C = A \cdot B \cdot (C + \overline{C}) + \overline{A} \cdot (B + \overline{B}) \cdot C \\
&= A \cdot B \cdot C + A \cdot B \cdot \overline{C} + \overline{A} \cdot B \cdot C + \overline{A} \cdot \overline{B} \cdot C \\
&= m_1 + m_3 + m_6 + m_7 \\
&= \sum m(1, 3, 6, 7)
\end{aligned}
$$

2. 最大项与最大项之积表达式

1）最大项的定义和性质

在 n 变量逻辑函数中，若 M 为 n 个变量之和，而且这 n 个变量均以原变量或反变量的形式在 M 中出现一次，则称 M 为该组变量的最大项。

n 个变量的最大项应有 2^n 个。最大项通常用 M_i 表示，下标编号 i 用于区别不同的最大项。对于一个最大项，输入变量只有一组二进制数使其取值为 0，与该二进制数对应的十进制数就是该最大项的编号。例如，A、B、C 取值为 101 时，其对应十进制数为 5，它使最大项 $(\overline{A} + B + \overline{C}) = 0$，所以把 $(\overline{A} + B + \overline{C})$ 记作 M_5。三个变量 A、B、C 的 8 个最大项编号如表 2.3.4 所示。

表 2.3.4　三变量最大项的编号表

最大项	使最大项为 0 的变量取值			对应的十进制数	编号
	A	B	C		
$A + B + C$	0	0	0	0	M_0
$A + B + \overline{C}$	0	0	1	1	M_1
$A + \overline{B} + C$	0	1	0	2	M_2
$A + \overline{B} + \overline{C}$	0	1	1	3	M_3
$\overline{A} + B + C$	1	0	0	4	M_4
$\overline{A} + B + \overline{C}$	1	0	1	5	M_5
$\overline{A} + \overline{B} + C$	1	1	0	6	M_6
$\overline{A} + \overline{B} + \overline{C}$	1	1	1	7	M_7

根据最大项的定义，可以得到最大项的性质：

① 在输入变量的任何取值下必有一个最大项，而且只有一个最大项的值为 0；

② 全体最大项之积为 0；

③ 任意两个最大项之和为 1；

④ 只有一个变量不同的两个最大项的乘积等于各相同变量之和。

2）最小项和最大项的关系

分析表 2.3.3 和表 2.3.4 可知，相同变量构成的最小项与最大项之间存在互补关系，即

$$m_i = \bar{M}_i \quad \text{或者} \quad M_i = \bar{m}_i$$

例如，$m_5 = A \cdot \bar{B} \cdot C$，则 $\bar{m}_5 = \overline{A \cdot \bar{B} \cdot C} = \bar{A} + B + \bar{C} = M_5$。

3）逻辑函数的最大项之积标准形式

上面已经证明，任何一个逻辑函数皆可化为最小项之和的标准形式。同时，由最小项的性质又知道全部最小项之和为 1。由此可知，若给定逻辑函数为 $L = \sum m_i$，则 $\sum m_i$ 以外的那些最小项之和必为 $\bar{L}$，即

$$\bar{L} = \sum m_k \ (k \neq i)$$

等式两边取非可得到：

$$\bar{\bar{L}} = \overline{\sum m_k} \ (k \neq i)$$

利用反演定理可将上式变换为最大项乘积的形式：

$$L = \prod \bar{m}_k = \prod M_k \ (k \neq i)$$

也就是说，如果已知逻辑函数的最小项之和的形式为 $L = \sum m_i$，编号为 i 以外的那些最大项的相乘即为该函数的最大项之积形式。

例 2.3.2　将逻辑函数 $L(A,B,C) = A \cdot B + \bar{A} \cdot C$ 变换成最大项之积的形式。

解：前面已经得到了它的最小项之和的形式为

$$L(A,B,C) = \sum m(1,3,6,7)$$

则

$$L(A,B,C) = \prod M(0,2,4,5)$$
$$= (A + B + C) \cdot (A + \bar{B} + C) \cdot (\bar{A} + B + C) \cdot (\bar{A} + B + \bar{C})$$

2.4　逻辑函数的公式法化简

2.4.1　逻辑函数的表示形式

一个逻辑函数可以有多种不同的逻辑表达式，如与或表达式、与非-与非表达式、或与非表达式、与或非表达式等。例如：

$$L = A \cdot B + \overline{A} \cdot C \qquad\qquad 与或表达式$$

$$= \overline{\overline{A \cdot B} \cdot \overline{\overline{A} \cdot C}} \qquad\qquad 与非\text{-}与非表达式$$

$$= \overline{(\overline{A} + \overline{B}) \cdot (A + \overline{C})} \qquad\qquad 或与非表达式$$

$$= \overline{\overline{A} \cdot \overline{C} + A \cdot \overline{B} + \overline{B} \cdot \overline{C}} \qquad\qquad 与或非表达式$$

通常与或表达式易于转换为其他类型的函数式，所以下面主要讨论与或表达式的化简。最简与或表达式定义：其乘积项的个数最少，每项乘积项中变量个数最少的与或表达式。

2.4.2　逻辑函数形式的变换

通常一片集成电路芯片中只有一种门电路，为了减少门电路的种类，需要对逻辑函数表达式进行变换。

例 2.4.1　仅用与非门画出逻辑表达式 $L = A \cdot B + \overline{A} \cdot \overline{B}$ 的逻辑图。

解： 首先将与或表达式变换为与非-与非表达式。

$$L = A \cdot B + \overline{A} \cdot \overline{B}$$

$$= \overline{\overline{A \cdot B + \overline{A} \cdot \overline{B}}}$$

$$= \overline{\overline{A \cdot B} \cdot \overline{\overline{A} \cdot \overline{B}}}$$

根据与非-与非表达式画出逻辑图，如图 2.4.1 所示。

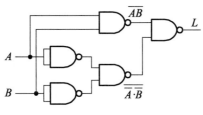

图 2.4.1　例 2.4.1 的逻辑图

2.4.3　逻辑函数的公式法化简

在数字电路中，用集成电路实现逻辑函数时，希望所用的元件较少，这样不仅可以降低成本，而且还可以提高电路的可靠性。因此，一般情况下，要通过一定的化简手段找出逻辑函数的最简形式。

化简逻辑函数的常用方法有两种：一种是公式化简法（代数法），它利用逻辑代数中的基本公式、常用公式和定理进行化简；另一种是图形化简法（卡诺图法），它利用逻辑函数的卡诺图中的最小项的相邻性进行化简。本节主要介绍公式化简法。

公式化简法的原理就是反复使用逻辑代数的基本公式和常用公式，消去函数式中多余的乘积项和多余的因子，以求得函数的最简表达式。公式化简法没有固定的步骤。现将经常使用的方法归纳如下：

1. 并项法

利用公式 $A \cdot B + A \cdot \overline{B} = A$，可以将两项合并成一项，并消去 B 和 $\overline{B}$ 这一对因子。根据代入规则可知，A 和 B 可以是任何一个复杂的逻辑式。

例 2.4.2 试用并项法化简逻辑函数表达式 $L = A \cdot B \cdot C + A \cdot \overline{B} \cdot \overline{C} + A \cdot B \cdot \overline{C} + A \cdot \overline{B} \cdot C$。

解：
$$
\begin{aligned}
L &= A \cdot B \cdot C + A \cdot \overline{B} \cdot \overline{C} + A \cdot B \cdot \overline{C} + A \cdot \overline{B} \cdot C \\
&= A \cdot B(C + \overline{C}) + A \cdot \overline{B}(\overline{C} + C) \\
&= A \cdot B + A \cdot \overline{B} \\
&= A \cdot (B + \overline{B}) \\
&= A
\end{aligned}
$$

2. 吸收法

利用公式 $A + A \cdot B = A$，可消去多余项 $A \cdot B$。A 和 B 可以是任何一个复杂的逻辑式。

例 2.4.3 试用吸收法化简逻辑函数表达式 $L = \overline{A \cdot B} + (\overline{A} + \overline{B}) \cdot C \cdot D$。

解： $L = \overline{A \cdot B} + (\overline{A} + \overline{B}) \cdot C \cdot D = \overline{A \cdot B} + (\overline{A \cdot B}) \cdot C \cdot D = \overline{A \cdot B} = \overline{A} + \overline{B}$

3. 消因子法

利用公式 $A + \overline{A} \cdot B = A + B$，可将 $\overline{A} \cdot B$ 中的 $\overline{A}$ 消去。A 和 B 可以是任何一个复杂的逻辑式。

例 2.4.4 试用消因子法化简逻辑函数表达式 $L = A \cdot B + \overline{A} \cdot C + \overline{B} \cdot C$。

解： $L = A \cdot B + \overline{A} \cdot C + \overline{B} \cdot C = A \cdot B + (\overline{A} + \overline{B}) \cdot C = A \cdot B + \overline{A \cdot B} \cdot C = A \cdot B + C$

4. 消项法

利用公式 $A \cdot B + \overline{A} \cdot C + B \cdot C = A \cdot B + \overline{A} \cdot C$ 及 $A \cdot B + \overline{A} \cdot C + B \cdot C \cdot D = A \cdot B + \overline{A} \cdot C$，可将 $B \cdot C$ 或 $B \cdot C \cdot D$ 消去。A、B、C 和 D 可以是任何一个复杂的逻辑式。

例 2.4.5 试用消项法化简逻辑函数表达式 $L = A \cdot C + A \cdot \overline{B} + \overline{\overline{B} + C}$。

解： $L = A \cdot C + A \cdot \overline{B} + \overline{\overline{B} + C} = A \cdot C + A \cdot \overline{B} + B \cdot \overline{C} = A \cdot C + \overline{B} \cdot \overline{C}$

5. 配项法

（1）根据 $A + A = A$ 可以在逻辑函数式中重复写入某一项，有时能获得更加简单的化简结果。

例 2.4.6 试用配项法化简逻辑函数表达式 $L = \overline{A} \cdot \overline{B} \cdot C + \overline{A} \cdot B \cdot C + A \cdot \overline{B} \cdot C$。

解：
$$
\begin{aligned}
L &= \overline{A} \cdot \overline{B} \cdot C + \overline{A} \cdot B \cdot C + A \cdot \overline{B} \cdot C \\
&= \overline{A} \cdot \overline{B} \cdot C + \overline{A} \cdot B \cdot C + \overline{A} \cdot \overline{B} \cdot C + A \cdot \overline{B} \cdot C \\
&= \overline{A}C + \overline{B}C
\end{aligned}
$$

（2）根据公式 $A + \overline{A} = 1$，可以在函数式中的某一项上乘以 $(A + \overline{A})$，然后拆成两项分别与其他项合并，有时能得到更加简单的化简结果。

例 2.4.7 试用配项法化简逻辑函数表达式 $L = A \cdot B + \overline{A} \cdot C + B \cdot C$。

解：
$$
\begin{aligned}
L &= A \cdot B + \overline{A} \cdot C + B \cdot C \\
&= A \cdot B + \overline{A} \cdot C + (A + \overline{A}) \cdot B \cdot C \\
&= A \cdot B + \overline{A} \cdot C + A \cdot B \cdot C + \overline{A} \cdot B \cdot C \\
&= A \cdot B + \overline{A} \cdot C
\end{aligned}
$$

在化简复杂的逻辑函数时，往往需要灵活、交替地综合运用上述方法，才能得到最后的化简结果。

例 2.4.8　试用公式法化简逻辑函数表达式 $L = A \cdot \overline{B} + \overline{A} \cdot B + B \cdot \overline{C} + \overline{B} \cdot C$ 。

解：
$$
\begin{aligned}
L &= A \cdot \overline{B} + \overline{A} \cdot B + B \cdot \overline{C} + \overline{B} \cdot C \\
&= A \cdot \overline{B} + \overline{A} \cdot B + B \cdot \overline{C} + \overline{B} \cdot C + A \cdot \overline{C} \qquad \text{增加冗余项 } A \cdot \overline{C} \\
&= A \cdot \overline{B} + \overline{A} \cdot B + \overline{B} \cdot C + A \cdot \overline{C} \qquad \text{消去冗余项 } B \cdot \overline{C} \\
&= \overline{A} \cdot B + \overline{B} \cdot C + A \cdot \overline{C} \qquad \text{消去冗余项 } A \cdot \overline{B}
\end{aligned}
$$

2.5　逻辑函数的卡诺图化简法

由于公式化简法需要对逻辑函数的公式、定理和规则深入理解，且反复练习才能熟练掌握。本节将介绍另外一种化简方法——卡诺图化简，这种方法的优势在于只要遵守一定的流程，经过几个步骤就能较容易地得到化简结果。

卡诺图化简法也叫图形化简法，它的基本原理就是具有相邻性的最小项可以合并，并消去不同的因子。在卡诺图中，最小项和表示最小项的小方格存在一一对应的关系，其几何位置相邻与逻辑上的相邻是一致的，因此从卡诺图上能够直观地找出那些具有相邻性的最小项并将其合并化简。

2.5.1　普通逻辑函数的卡诺图化简法

1. 用卡诺图表示逻辑函数

1）卡诺图的引出

将 n 变量的全部最小项各用一个小方块表示，并使具有逻辑相邻的最小项在几何位置上也相邻地排列起来，所得到的图形叫 n 变量的卡诺图。图 2.5.1 画出了两个、三个和四个变量的卡诺图。

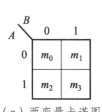

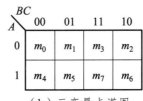

（a）两变量卡诺图　　　　　　（b）三变量卡诺图　　　　　　（c）四变量卡诺图

图 2.5.1　两变量、三变量、四变量的卡诺图

图形两侧标注的 0 和 1 表示使对应小方格内的最小项为 1 的变量取值。同时，这些 0 和 1 组成的二进制数所对应的十进制数大小，也就是对应的最小项的编号。

为了保证图中几何位置相邻的最小项在逻辑上也具有相邻性，这些数码不能按自然二进制数从小到大的顺序排列，而必须按图中的方式排列，以确保相邻的两个最小项仅有一个变量是不同的。

从图 2.5.1 所示的卡诺图上还可以看到，处在任何一行或一列两端的最小项也仅有一个变量不同，所以它们也具有逻辑相邻性。因此，从几何位置上应当把卡诺图看成是上下、左右闭合的图形。

2）用卡诺图表示逻辑函数

用卡诺图表示逻辑函数时，首先把逻辑函数化为最小项之和的形式，然后在卡诺图对应最小项的方格填上 1，其余的方格填上 0，就可以得到相应函数的卡诺图。也就是说，任何逻辑函数都等于它的卡诺图中为 1 的方格所对应的最小项之和。

例 2.5.1　用卡诺图表示逻辑函数 $L(A,B,C) = \bar{A} \cdot \bar{B} + A \cdot C$。

解：首先将 L 化为最小项之和的形式：

$$L(A,B,C) = \bar{A} \cdot \bar{B} + A \cdot C = \bar{A} \cdot \bar{B} \cdot (C + \bar{C}) + A \cdot (B + \bar{B}) \cdot C$$
$$= \bar{A} \cdot \bar{B} \cdot C + \bar{A} \cdot \bar{B} \cdot \bar{C} + A \cdot B \cdot C + A \cdot \bar{B} \cdot C$$
$$= \sum m(0,1,5,7)$$

画出三变量的卡诺图，在 m_0、m_1、m_5、m_7 对应的方格填入 1，其余方格填入 0，就得到逻辑函数的卡诺图，如图 2.5.2 所示。

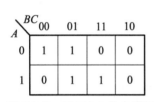

图 2.5.2　例 2.5.1 的卡诺图

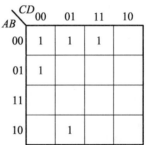

图 2.5.3　例 2.5.2 的卡诺图

例 2.5.2　已知逻辑函数的卡诺图如图 2.5.3 所示，试写出该逻辑函数的逻辑式。

解：因为函数 L 等于卡诺图中填入 1 的最小项之和，所以

$$L(A,B,C,D) = \bar{A} \cdot \bar{B} \cdot \bar{C} \cdot \bar{D} + \bar{A} \cdot \bar{B} \cdot \bar{C} \cdot D + \bar{A} \cdot \bar{B} \cdot C \cdot D + \bar{A} \cdot B \cdot \bar{C} \cdot \bar{D} + A \cdot \bar{B} \cdot \bar{C} \cdot D$$

2. 用卡诺图化简逻辑函数

利用卡诺图化简逻辑函数的方法称为卡诺图化简法或图形化简法。化简时依据的基本原理，就是具有逻辑相邻性的最小项可以合并并消去不同的变量。由于在卡诺图上几何位置相邻与逻辑上的相邻性是一致的，因而从卡诺图上能直观地找出那些具有逻辑相邻性的最小项并将其合并化简。

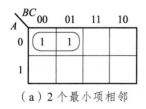

（a）2 个最小项相邻

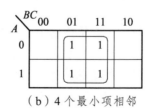

（b）4 个最小项相邻

（c）8 个最小项相邻

图 2.5.4　最小项相邻的几种情况

1）合并最小项的规则

① 若 2 个最小项相邻，则可合并为一项并消去一对互补变量。合并后的结果为 2 个最小项的公共变量构成的与项。

例如，图 2.5.4（a）中，$\overline{A}\cdot\overline{B}\cdot\overline{C}$ 和 $\overline{A}\cdot\overline{B}\cdot C$ 相邻，故可合并为：

$$\overline{A}\cdot\overline{B}\cdot\overline{C}+\overline{A}\cdot\overline{B}\cdot C=\overline{A}\cdot\overline{B}\cdot(\overline{C}+C)=\overline{A}\cdot\overline{B}$$

合并后消去了 C 和 $\overline{C}$，结果为这两个最小项的公共变量 $\overline{A}$ 和 $\overline{B}$ 构成的与项 $\overline{A}\cdot\overline{B}$。

② 若 4 个最小项相邻并排列成一个矩形组，则可合并为一项并消去两对互补变量。合并后的结果为 4 个最小项的公共变量构成的与项。

例如，图 2.5.4（b）中，$\overline{A}\cdot\overline{B}\cdot C$、$\overline{A}\cdot B\cdot C$、$A\cdot\overline{B}\cdot C$、$A\cdot B\cdot C$ 相邻，可合并为：

$$\overline{A}\cdot\overline{B}\cdot C+\overline{A}\cdot B\cdot C+A\cdot\overline{B}\cdot C+A\cdot B\cdot C$$
$$=\overline{A}\cdot C(B+\overline{B})+A\cdot C(B+\overline{B})$$
$$=\overline{A}\cdot C+A\cdot C=(\overline{A}+A)\cdot C=C$$

可见，合并后消去了 A、$\overline{A}$ 和 B、$\overline{B}$，结果为这四个最小项的公共变量 C。

③ 若 8 个最小项相邻并排列成一个矩形组，则可合并为一项并消去三对互补变量。合并后的结果为 8 个最小项的公共变量构成的与项。

例如，图 2.5.4（c）中，上边两行的 8 个最小项是相邻的，可将它们合并为一项 $\overline{A}$，其他的因子都被消去了。

综上所述，合并最小项的一般规则就是：如果有 2^n 个最小项相邻（$n=0,1,2,\cdots$）并排列成一个矩形组，则它们可以合并为一项，并消去 n 对互补变量。合并后的结果为这些最小项的公共变量构成的与项。

2）卡诺图化简法的步骤

用卡诺图化简逻辑函数的步骤如下：

① 将逻辑函数化为最小项之和的形式；

② 画出表示该逻辑函数的卡诺图；

③ 合并最小项，把相邻的 1 画一个圈包围起来；

④ 将所有圈对应的与项相加，即得最简与或表达式。

画圈的原则：包围圈内方格的个数一定是 2^n 个，且包围圈必须呈矩形；循环相邻包括上下相邻、左右相邻和四角相邻；同一方格可以被不同的包围圈重复包围多次，但新增的包围圈中一定要有原有包围圈未曾包围的方格；一个包围圈的方格数要尽可能多，包围圈的数目要尽可能少。

例 2.5.3　用卡诺图化简法将逻辑函数 $L=\overline{A}\cdot C+\overline{A}\cdot B+A\cdot\overline{B}\cdot C+B\cdot C$ 化简为最简与或表达式。

解：首先画出逻辑函数 L 的卡诺图，如图 2.5.5 所示。然后找出 1 的相邻最小项，用圈包围起来。最后把每个圈的乘积项相加，得到最简与或表达式为

$$L=C+\overline{A}\cdot B$$

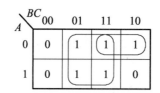

图 2.5.5 例 2.5.3 的卡诺图

例 2.5.4 用卡诺图化简法将逻辑函数 $L = A \cdot B \cdot C + A \cdot B \cdot D + A \cdot \bar{C} \cdot D + \bar{C} \cdot \bar{D} + A \cdot \bar{B} \cdot C + \bar{A} \cdot C \cdot \bar{D}$ 化简为最简与或表达式。

解： 首先画出表示逻辑函数 L 的卡诺图，如图 2.5.6 所示。然后找出 1 的相邻最小项，用圈包围起来。最后把每个圈的乘积项相或，得到最简与或表达式为

$$L = A + \bar{D}$$

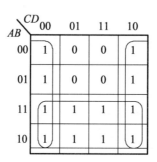

图 2.5.6 例 2.5.4 的卡诺图

以上两个例子中，我们都是通过合并卡诺图中的 1 来求得化简结果的。但有时也可以通过合并卡诺图中的 0 先求出 $\bar{L}$ 的化简结果，然后再将 $\bar{L}$ 求反而得到 L。

例如，在图 2.5.6 所示的卡诺图中，4 个 0 相邻，如果将 0 合并，则

$$\bar{L} = \bar{A} \cdot D$$

等式左右两边同时取非，得

$$\bar{\bar{L}} = \overline{\bar{A} \cdot D}$$

通过公式变换可得到

$$L = A + \bar{D}$$

与合并 1 得到的化简结果一致。

2.5.2 含有无关项的逻辑函数及其化简

1. 约束项、任意项、无关项

1）约束项

在分析某些具体的逻辑函数时，经常会遇到这样一种情况，即输入变量的某些取值是不会出现的。例如，有 3 个逻辑变量 A、B、C，它们分别表示一台电动机的正转、反转和停止

的命令。$A=1$ 表示正转，$B=1$ 表示反转，$C=1$ 表示停止。因为电动机任何时候只能执行其中的一个命令，所以不允许两个以上的变量同时为 1。ABC 的取值只可能是 001、010、100当中的某一种，而不能是 000、011、101、110、111 中的任何一种。因此，A、B、C 是一组具有约束的变量。

通常用约束条件来描述约束的具体内容。由于每一组输入变量的取值都使一个、而且仅有一个最小项的值为 1，所以当限制某些输入变量的取值不能出现时，可以用它们对应的最小项恒等于 0 来表示。这样，上面例子中的约束条件可以表示为：$\bar{A} \cdot \bar{B} \cdot \bar{C} + \bar{A} \cdot B \cdot C + A \cdot \bar{B} \cdot C + A \cdot B \cdot \bar{C} + A \cdot B \cdot C = 0$。同时，把这些恒等于 0 的最小项叫做约束项。

2）任意项

有时还会遇到另外一种情况，就是在输入变量的某些取值下函数值是 1 还是 0 皆可，并不影响电路的功能。在这些变量取值下，其值等于 1 的那些最小项称为任意项。

在存在约束项的情况下，由于约束项的值始终等于 0，所以既可以把约束项写进逻辑函数式中，也可以把约束项从函数式中删掉，而不影响函数值。同样，既可以把任意项写入函数式中，也可以不写进去，因为输入变量的取值使这些任意项为 1 时，函数值是 1 还是 0 无所谓。

3）无关项

把约束项和任意项统称为逻辑函数式中的无关项。这里所说的无关，是指是否把这些最小项写入逻辑函数式无关紧要，可以写入也可以删除。

既然无关项可以包含在函数式中，也可以不包含在函数式中，那么在卡诺图中对应的方格可以填入 1，也可以填入 0。为此，在卡诺图中用"×"表示无关项，在表达式中用 $\sum d$ 表示无关项。

2. 含有无关项的逻辑函数的化简

化简具有无关项的逻辑函数时，如果能合理利用无关项，一般都可以得到更加简单的化简结果。

为了达到此目的，加入的无关项应与函数式中尽可能多的最小项（包括原有的最小项和已写入的无关项）具有逻辑相邻性。

合并最小项时，究竟把卡诺图上的"×"作为 1（即认为函数式中包含了这个最小项）还是作为 0（即认为函数式中不包含这个最小项）对待，应以得到的相邻最小项矩形组合最大、矩形组合数目最少为原则。

例 2.5.5 化简逻辑函数

$$F(A, B, C, D) = \sum m(1, 7, 8) + \sum d(3, 5, 9, 10, 12, 14, 15)$$

解：图 2.5.7 是例 2.5.5 的逻辑函数的卡诺图。从图中不难看出，为了得到最大的相邻最小项的矩形组合，应取约束项 m_3、m_5 为 1，与 m_1、m_7 组成一个矩形组。同时取约束项 m_{10}、

m_{12}、m_{14}为 1，与 m_8 组成一个矩形组。卡诺图中没有被圈进去的约束项（m_9 和 m_{15}）是当作 0 对待的。将两组相邻的最小项合并后得到 $F = \overline{A} \cdot D + A \cdot \overline{D}$。

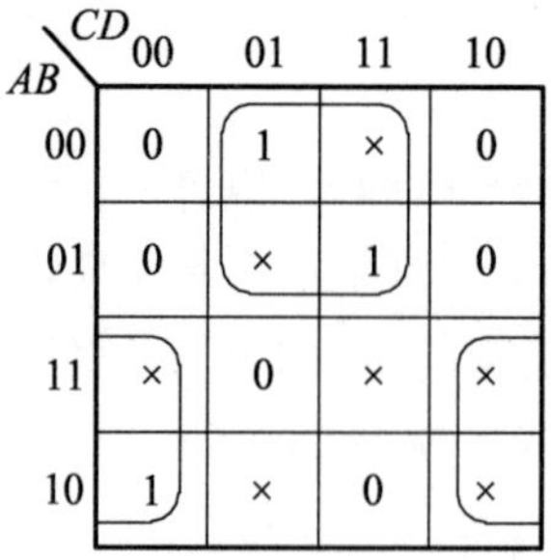

图 2.5.7 例 2.5.5 的卡诺图

本章小结

本章主要介绍了逻辑代数的公式和定理、逻辑函数的表示方法及逻辑函数的化简方法。这些内容是分析和设计数字电路的基础。

对于基本公式和运算方法，读者应熟练掌握、灵活运用。逻辑函数的化简方法是本章的重点内容。本章介绍了两种化简方法，即代数化简法和卡诺图化简法。代数化简法的使用不受任何条件的限制，这是它的优点；其缺点是，没有固定的步骤可循，不仅需要熟练运用各种公式和定理，还需要有一定的运算技巧和经验。卡诺图化简法直观、简单，且有一定的化简步骤可循。但是，当逻辑变量超过 5 个时，简单、直观的优点就不存在了，这时一般不用卡诺图法化简。

习 题

2.1 试用列真值表的方法证明下列异或运算公式。

（1）$A \oplus 0 = A$

（2）$A \oplus 1 = \overline{A}$

（3）$A \oplus A = 0$

（4）$A \oplus \overline{A} = 1$

（5）$(A \oplus B) \oplus C = A \oplus (B \oplus C)$

（6）$A(B \oplus C) = AB \oplus AC$

（7）$A \oplus \overline{B} = \overline{A \oplus B} = A \oplus B \oplus 1$

2.2 用真值表证明下列等式：

（1）$A + \overline{A} \cdot B = A + B$

（2）$A + B \cdot C = (A + B) \cdot (A + C)$

（3）$\overline{A \odot B} = A \oplus B$

（4）$A \cdot B + \overline{A} \cdot C + B \cdot C = A \cdot B + \overline{A} \cdot C$

2.3 已知逻辑函数的真值表如表 P2.3（a）、（b）所示，试写出对应的逻辑函数式。

表 P2.3（a）

A	B	C	Y
0	0	0	0
0	0	1	1
0	1	0	1
0	1	1	0
1	0	0	1
1	0	1	0
1	1	0	0
1	1	1	0

表 P2.3（b）

A	B	C	D	Z
0	0	0	0	0
0	0	0	1	0
0	0	1	0	0
0	0	1	1	1
0	1	0	0	0
0	1	0	1	0
0	1	1	0	1
0	1	1	1	1
1	0	0	0	0
1	0	0	1	0
1	0	1	0	0
1	0	1	1	1
1	1	0	0	1
1	1	0	1	1
1	1	1	0	1
1	1	1	1	1

2.4 应用反演规则和对偶规则，求下列函数的反函数和对偶函数。

（1） $L = \overline{A} \cdot B + A \cdot \overline{B}$

（2） $L = A \cdot \overline{B} \cdot C + \overline{\overline{B} + \overline{C}}$

（3）$L = \overline{A} \cdot C + \overline{\overline{A} \cdot B \cdot \overline{C}} \cdot D$

（4）$L = \overline{\overline{A} + \overline{B} \cdot C} + \overline{A \cdot \overline{C}}$

2.5 在图题 2.5 中，已知输入信号 A、B 的波形，画出逻辑门输出的波形。

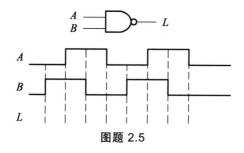

图题 2.5

2.6 已知逻辑表达式 $L = \overline{B} + A \cdot \overline{C} + \overline{A} \cdot B \cdot C$，试列出 L 的真值表。

2.7 已知逻辑图如图题 2.7 所示，试写出 L 的逻辑函数表达式。

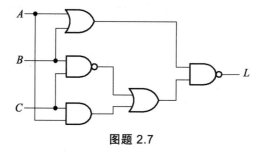

图题 2.7

2.8 用与非门画出 $L = A \cdot \overline{B} + \overline{A} \cdot C$ 的逻辑电路图。

2.9 试画出用与非门和反相器实现下列函数的逻辑图。

（1）$Y = AB + BC + AC$

（2）$Y = (\overline{A} + B)(A + \overline{B})C + \overline{BC}$

（3）$Y = \overline{A B \overline{C} + A \overline{B} C + \overline{A} B C}$

（4）$Y = A \overline{B} \overline{C} + \overline{(A \overline{B} + \overline{A} \overline{B} + BC)}$

2.10 试画出用或非门和反相器实现下列函数的逻辑图。

（1）$Y = \overline{A} \overline{B} C + B \overline{C}$

（2）$Y = (A + C)(\overline{A} + B + \overline{C})(\overline{A} + \overline{B} + C)$

（3）$Y = \overline{(A B \overline{C} + \overline{B} D) \overline{D}} + \overline{A} \overline{B} C$

（4）$Y = \overline{\overline{\overline{C D} \cdot \overline{B C} \cdot \overline{A B C}} \cdot D}$

2.11 用逻辑代数的基本公式和常用公式将下列逻辑函数化简为最简与或表达式。

（1）$Y = A \overline{B} + B + \overline{A} B$

（2）$Y = A \overline{B} C + \overline{A} + B + \overline{C}$

（3）$Y = \overline{\overline{A B C} + \overline{A} \overline{B}}$

（4）$Y = A \overline{B} C D + A B D + A \overline{C} D$

（5） $Y = A\overline{B}(\overline{A}CD + \overline{AD + \overline{BC}})(\overline{A} + B)$

（6） $Y = AC(\overline{CD} + \overline{AB}) + BC(\overline{\overline{B} + AD + CE})$

（7） $Y = A\overline{C} + ABC + AC\overline{D} + CD$

（8） $Y = A + (\overline{\overline{B} + \overline{C}})(A + \overline{B} + C)(A + B + C)$

（9） $Y = B\overline{C} + AB\overline{C}E + \overline{B}(\overline{\overline{A} \cdot \overline{D} + AD}) + B(A\overline{D} + \overline{A}D)$

（10） $Y = AC + A\overline{C}D + A\overline{B} \cdot \overline{E}F + B(D \oplus E) + \overline{B}CD\overline{E} + B \cdot \overline{C} \cdot \overline{D} \cdot E + AB\overline{E}F$

2.12 将下列各函数式化为最小项之和的形式。

（1） $Y = \overline{A}\overline{B}C + AC + B\overline{C}$

（2） $Y = \overline{A}B\overline{C}D + \overline{A}\overline{B}D + A\overline{D}$

（3） $Y = (A + B)(AC + \overline{D})$

（4） $Y = BC + \overline{\overline{AB} + (\overline{C} + \overline{D})}$

（5） $Y = A\overline{B} + B\overline{C} + \overline{A}C$

2.13 将下列各式化为最大项之积的形式。

（1） $Y = (A + B)(\overline{A} + \overline{B} + C)$

（2） $Y = A\overline{B} + C$

（3） $Y = \overline{A}B\overline{C} + BC + A\overline{B}C$

（4） $Y = BC\overline{D} + C + A\overline{D}$

（5） $Y = (A, B, C) = \sum(1, 2, 4, 6, 7)$

2.14 已知逻辑表达式 $L = A \cdot \overline{B} + A \cdot \overline{C} + B \cdot C$，试写出该逻辑函数的最小项之和表达式和最大项之积的表达式。

2.15 用卡诺图化简法将下列函数化为最简与或表达式。

（1） $Y = ABC + ABD + \overline{C}\overline{D} + A\overline{B}C + \overline{A}\overline{C}D + A\overline{C}D$

（2） $Y = A\overline{B} + \overline{A}C + BC + \overline{C}D$

（3） $Y = \overline{A}\overline{B} + B\overline{C} + \overline{A} + \overline{B} + ABC$

（4） $Y = A\overline{B}\overline{C} + \overline{A}\overline{B} + \overline{A}D + C + BD$

（5） $Y(A, B, C) = \sum(1, 2, 4, 5, 6, 7)$

（6） $Y(A, B, C) = \sum(1, 3, 5, 7)$

（7） $Y(A, B, C, D) = \sum(0, 1, 2, 3, 4, 6, 8, 10, 12, 14)$

（8） $Y(A, B, C, D) = \sum(0, 1, 2, 5, 8, 9, 10, 12, 13)$

2.16 化简下列逻辑函数（方法不限，最简逻辑式形式不限）。

（1） $Y = A\overline{B} + \overline{A}C + \overline{C}\overline{D} + D$

（2） $Y = \overline{A}(C\overline{D} + \overline{C}D) + B\overline{C}D + A\overline{C}D + \overline{A}C\overline{D}$

（3） $Y = (\overline{\overline{A} + \overline{B}})D + (\overline{A}\overline{B} + BD)\overline{C} + \overline{A}CDB + \overline{D}$

（4） $Y = \overline{A}BD + \overline{A}\overline{B}\overline{C}D + \overline{B}CD + (\overline{A}\overline{B} + C)(B + D)$

（5） $Y = \overline{A}\overline{B}\overline{C}D + \overline{A\overline{C}DE} + \overline{B}D\overline{E} + A\overline{C}DE$

2.17 将下列函数化简为最简与或表达式。

（1） $\begin{cases} Y = \overline{A+C+D} + \overline{A}\,\overline{B}C\overline{D} + A\overline{B}\,\overline{C}D \\ A\overline{B}C\overline{D} + A\overline{B}CD + AB\overline{C}\,\overline{D} + AB\overline{C}D + ABC\overline{D} + ABCD = 0 \end{cases}$

（2） $\begin{cases} Y = C\overline{D}(A \oplus B) + \overline{A}\,\overline{B}\,\overline{C} + \overline{A}\,\overline{C}D \\ AB + CD = 0 \end{cases}$

（3） $\begin{cases} Y = (A\overline{B} + B)C\overline{D} + \overline{(A+B)(\overline{B}+C)} \\ (\overline{A} + \overline{B} + \overline{C})(\overline{A} + B + \overline{D})(A + C + D) = 1 \end{cases}$

（4） $Y(A, B, C, D) = \sum m(3,5,6,7,10) + \sum d(0,1,2,4,8)$

（5） $Y(A, B, C, D) = \sum (2,3,7,8,11,14) + \sum d(0,5,10,15)$

第 3 章　逻辑门电路

数字系统设计中，合理地选择、正确地应用数字集成电路是非常重要的，因此需要了解各种数字集成电路及其特性，特别是数字集成电路的外部特性。

逻辑门电路是数字集成电路的基本器件，本章以 CMOS 逻辑门和 TTL 逻辑门为例展开讨论，首先介绍晶体管的开关特性，然后介绍由它们构成的基本逻辑门的电路结构、工作原理以及主要参数，最后介绍逻辑门电路在使用时应注意的问题，为实际使用这些器件打下必要的基础。

3.1　逻辑门电路简介

实现基本逻辑运算和常用逻辑运算的单元电路称为门电路。逻辑门电路是组成各种数字电路的基本单元电路。将构成门电路的元器件制作在一块半导体芯片上，再封装起来，便构成了集成门电路。按照制造门电路晶体管的不同，分为 MOS 型、双极型和混合型。MOS 型集成逻辑门有 CMOS、NMOS 和 PMOS；双极型集成逻辑门主要有 TTL 和 ECL，混合型集成逻辑门有 BiCMOS。其中，使用最广泛的是 CMOS 逻辑门电路和 TTL 逻辑门电路。

CMOS 逻辑门电路是目前使用最广泛、占主导地位的集成电路。早期的 CMOS 与 TTL 逻辑门相比，CMOS 速度慢、功耗低，而 TTL 主要是速度快，但功耗大。后来随着制作工艺的不断改进，CMOS 电路的集成度、工作速度、功耗和抗干扰能力远优于 TTL 门电路。

早期生产的 CMOS 门电路为 4000 系列，其工作速度较慢，与 TTL 不兼容，但功耗低、工作电压范围宽、抗干扰能力强。随后出现了高速 CMOS 器件 HC/HCT 系列，与 4000 系列相比，其工作速度快，带负载能力强。HCT 系列与 TTL 系列兼容，可与 TTL 器件互换使用。另一种 CMOS 系列是 AHC/AHCT 系列，其工作速度达到 HC/HCT 系列 2 倍之多。近年来，随着便携式设备（如笔记本电脑、数码相机、手机等）的发展，要求使用体积小、重量轻、功耗低的半导体器件，因此先后推出了低电压 CMOS 器件 LVC 系列，速度和性能比 LVC 更好的 ALVC 系列，超低电压 CMOS 器件 AUC 系列，以及低功耗 CMOS 器件 AUP 系列，并且半导体制造工艺的进步使它们的成本更低、速度更快。

TTL 逻辑门是应用最早、技术比较成熟的集成电路，曾被广泛使用。大规模集成电路的发展，要求每个逻辑单元电路的结构简单并且功耗低。TTL 电路不满足这个条件，因此逐步被 CMOS 电路所取代，退出主导地位，目前主要应用于简单的中小规模数字电路中。

最早的 TTL 门电路是 74 系列。后来为改善工作速度和功耗，使用肖特基三极管生产出 74S 系列。之后推出 74LS 系列，其速度与 74 系列相当，但功耗却降低到 74 系列的 1/5。74LS 系列曾广泛应用于中、小规模集成电路。随着集成电路的发展，生产出进一步改进的 74AS 系列和 74ALS 系列。74AS 系列与 74S 系列相比，功耗相当，但速度却提高了 2 倍。

74ALS 系列将 74LS 系列的速度和功耗又进一步改善。而 74F 系列的速度和功耗介于 74AS 和 74ALS 之间，应用于速度要求较高的 TTL 逻辑门电路。

中小规模集成电路芯片的名称以 54 或 74 开始，后加不同系列缩写字母及数字表示，如 54/74HC00。54 和 74 系列的区别是 54 系列适用的温度更宽，测试和筛选标准更严格。中间字母表示不同系列，如 HC 系列。最后的数字表示不同逻辑功能芯片的编号，如 00 表示 4 个 2 输入与非门，即一个芯片中封装了 4 个与非门，如图 3.1.1 所示。图 3.1.1（a）所示为双列直插封装的芯片，图 3.1.1（b）所示为 74HC00 引脚排列图。

（a）双列直插封装   （b）74HC00 引脚排列图

图 3.1.1　74HC00 封装和引脚图

使用集成门电路芯片时，要特别注意其引脚配置及排列情况，分清每个门的输入端、输出端和电源端、接地端所对应的引脚，这些信息及芯片中门电路的性能参数，都收录在有关产品的数据手册中，因此使用时要养成查阅数据手册的习惯。

3.2　基本 CMOS 逻辑门电路

3.2.1　MOS 管开关特性

CMOS 逻辑门电路是以 MOS 管作为开关器件的。图 3.2.1 是 NMOS 管构成的开关电路，MOS 管的开启电压为 V_T。

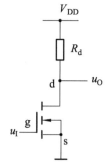

图 3.2.1　NMOS 管开关电路

当 $u_I < V_T$ 时，MOS 管处于截止状态，其等效电路如图 3.2.2（a）所示，输出电压 $u_O = V_{DD}$。当 $u_I > V_T$ 时，MOS 管处于导通状态，其等效电路如图 3.2.2（b）所示，由于 $R_{on} \ll R_d$，所以电路输出为低电平。

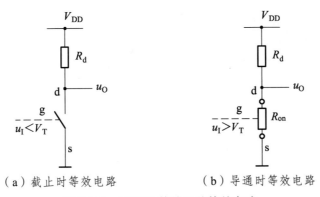

（a）截止时等效电路 （b）导通时等效电路

图 3.2.2 NMOS 管的开关等效电路

由此可见，NMOS 管的开关的特性为：当 $u_I > V_T$ 时，管子处于导通状态，相当于开关"闭合"；当 $u_I < V_T$ 时，管子处于截止状态，相当于开关"断开"。PMOS 管的开关特性为：当 $u_I < V_T$ 时，MOS 管处于导通状态，相当于开关"闭合"；当 $u_I > V_T$ 时，MOS 管处于截止状态，相当于开关"断开"。

3.2.2 CMOS 反相器

由 NMOS 管和 PMOS 管组成的电路称为互补 MOS 电路，简称 CMOS 电路。CMOS 反相器是构成 CMOS 逻辑门电路的基本单元电路之一。

CMOS 反相器电路如图 3.2.3 所示，由两个 MOS 管组成，其中 T_N 为 NMOS 管，T_P 为 PMOS 管。两只管子的栅极连在一起作为输入端，漏极连在一起作为输出端，T_N 管的源极接地，T_P 管的源极接电源。假设 $V_{DD} > U_{TN} + |U_{TP}|$，其中 U_{TN} 为 T_N 管的开启电压，U_{TP} 为 T_P 管的开启电压。

当 $u_I = V_{DD}$ 时，$u_{GSN} = V_{DD} > U_{TN}$，$T_N$ 管处于导通状态，$u_{GSP} = 0 > U_{TP}$，T_P 管处于截止状态，所以输出电压 $u_O = U_{OL} \approx 0$；当 $u_I = 0$ 时，$u_{GSN} = 0 < U_{TN}$，T_N 管处于截止状态，$u_{GSP} = -V_{DD} < U_{TP}$，$T_P$ 管处于导通状态，所以输出电压 $u_O = U_{OH} \approx V_{DD}$。输出与输入之间为逻辑非的关系。

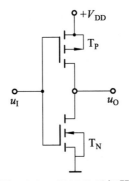

图 3.2.3 CMOS 反相器

3.2.3 CMOS 与非门

CMOS 与非门电路如图 3.2.4 所示，它是由两个串联的 NMOS 管和两个并联的 PMOS 管组成。每个输入端连接到一个 NMOS 管和 PMOS 管的栅极。电路输出与输入信号逻辑关系及各 MOS 管的工作状态如表 3.2.1 所示。当输入端 A、B 有一个为低电平时，就会使与它相连的 NMOS 管截止，PMOS 管导通，输出为高电平；仅当 A、B 全为高电平时，两个串联的 NMOS 管都导通，两个并联的 PMOS 管都截止，输出为低电平。因此，这种电路具有与非的逻辑功能，即 $L = \overline{A \cdot B}$。

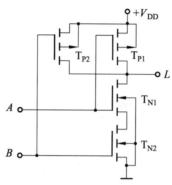

图 3.2.4　CMOS 与非门

表 3.2.1　与非门输出输入逻辑关系及各 MOS 管的工作状态

A	B	T_{N1}	T_{P1}	T_{N2}	T_{P2}	L
0	0	截止	导通	截止	导通	1
0	1	截止	导通	导通	截止	1
1	0	导通	截止	截止	导通	1
1	1	导通	截止	导通	截止	0

3.2.4　CMOS 或非门

CMOS 或非门电路如图 3.2.5 所示，它是由两个并联的 NMOS 管和两个串联的 PMOS 管组成。电路输出与输入信号逻辑关系及各 MOS 管的工作状态如表 3.2.2 所示。当输入端 A、B 只要有一个为高电平时，就会使与它相连的 NMOS 管导通，PMOS 管截止，输出为低电平；仅当 A、B 全为低电平时，两个并联的 NMOS 管都截止，两个串联的 PMOS 管都导通，输出为高电平。因此，这种电路具有或非的逻辑功能，即 $L = \overline{A + B}$。

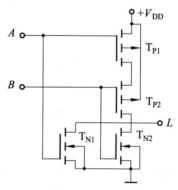

图 3.2.5　CMOS 或非门

表 3.2.2　或非门输出输入逻辑关系及各 MOS 管的工作状态

A	B	T_{N1}	T_{P1}	T_{N2}	T_{P2}	L
0	0	截止	导通	截止	导通	1
0	1	截止	导通	导通	截止	0
1	0	导通	截止	截止	导通	0
1	1	导通	截止	导通	截止	0

3.2.5　CMOS 门输入、输出保护电路和缓冲电路

CMOS 逻辑门是用绝缘栅场效应管（MOS 管）作开关元件，绝缘栅栅极很容易产生静电感应而导致 MOS 管的栅极绝缘层被击穿，造成 CMOS 器件的损坏。所以实际的 CMOS 逻辑门通常会加上输入、输出保护电路和缓冲电路，其电路结构如图 3.2.6 所示。图中的基本逻辑功能电路可以是前面介绍的反相器、与非门等逻辑门电路。由于缓冲电路具有统一的参数，使得集成逻辑门的输入和输出特性不再因为内部逻辑不同而发生变化，从而使电路的性能得到改善。

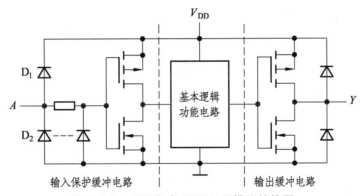

图 3.2.6　实际集成 CMOS 逻辑门结构图

图 3.2.6 电路中的 D_2 是分布式二极管，用虚线和两个二极管表示。这种分布式二极管结构可以通过较大的电流，使得输入引脚上的静电荷得以释放，从而保护 MOS 管的栅极绝缘层。二极管的反向击穿电压约为 30 V，小于 SiO_2 层的击穿电压。当栅极静电感应电压过高时，二极管反向击穿，感应电荷释放。由于放电时间短，二极管仍能恢复工作。

另一方面，输入级的保护二极管还能起到箝位保护作用，使得 MOS 管的栅极输入电压被限制在 $-0.7 \sim (+V_{DD}+0.7)$ V 之间。

逻辑门电路输出级也接入静电保护二极管，确保输出电压不超出正常的工作范围。

3.2.6　CMOS 传输门

传输门的应用比较广泛，不仅可以作为基本单元电路构成各种逻辑电路，用于数字信号的传输，而且可以在取样-保持电路、斩波电路、模数和数模转换等电路中传输模拟信号，因而又称为模拟开关。

CMOS 传输门由一个 PMOS 管 T_P 和 NMOS 管 T_N 并联而成,如图 3.2.7(a)所示。图 3.2.7 (b)是它的逻辑符号。T_P 和 T_N 的结构是完全对称的,设它们的开启电压 $V_{TN} = |V_{TP}| = V_T$,$V_{DD} > 2V_T$,C 和 $\overline{C}$ 是一对互补的控制信号,输入信号 u_I 在 0 V ~ +V_{DD} 范围内。

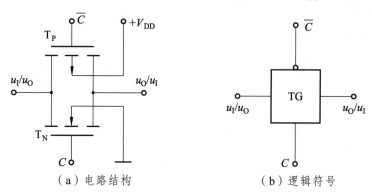

(a)电路结构　　　　　　　　(b)逻辑符号

图 3.2.7　CMOS 传输门

传输门的工作原理如下:

当 C 端接 0、$\overline{C}$ 端接 V_{DD} 时,T_P 和 T_N 同时截止,输入和输出之间呈高阻态,传输门断开。

当 C 端接 V_{DD}、$\overline{C}$ 端接 0 时,当 u_I 在 0 ~ (+V_{DD} − V_T) 范围内,T_N 导通;当 u_I 在 +V_T ~ +V_{DD} 范围内,T_P 导通。由此可知,当 u_I 在 0 ~ +V_{DD} 之间变化时,T_P 和 T_N 至少有一个管子导通,因此传输门导通。

例 3.2.1　传输门构成的电路如图 3.2.8 所示,试分析该电路的逻辑功能。

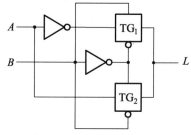

图 3.2.8　例 3.2.1 逻辑图

解: 当 $B = 0$ 时,TG_1 截止,TG_2 导通,$L = A$;

当 $B = 1$ 时,TG_1 导通,TG_2 截止,$L = \overline{A}$;

所以有 $L = \overline{A} \cdot B + A \cdot \overline{B} = A \oplus B$,$L$ 与 A、B 是异或的逻辑关系。

3.3　其他类型的 CMOS 逻辑门电路

3.3.1　CMOS 漏极开路门(OD 门)

1. 漏极开路门的结构及工作原理

在工程实践中,有时需要将两个门的输出端并联以实现与逻辑的功能。如果将两个 CMOS 与非门的输出端连接在一起,在一定情况下会产生低阻通路,从而产生很大的电流,有可能导致器件的损毁，并且无法确定输出是高电平还是低电平。这一问题可以采用 OD 门来解决。

　　OD 门的电路结构如图 3.3.1（a）所示。在使用 OD 门时，必须在输出端和电源之间外接一个上拉电阻 R_p，如图 3.3.1（b）所示。当输入端 A、B 有低电平时，MOS 管的栅极为低电平，MOS 管截止，输出 L 通过上拉电阻 R_p 与电源相接，输出高电平；当 A、B 全为高电平时，MOS 管的栅极为高电平，MOS 管导通，输出低电平，所以输出与输入为与非逻辑关系。OD 门的逻辑符号如图 3.3.1（c）所示，其中图标"◇"表示漏极开路。

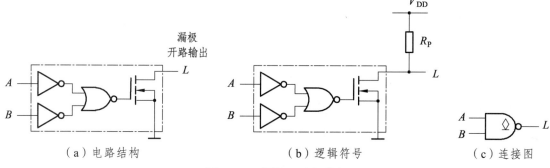

（a）电路结构　　　　　　　　（b）逻辑符号　　　　　　　（c）连接图

图 3.3.1　漏极开路与非门

2. 漏极开路门的应用

1）实现线与功能

　　两个 OD 门输出端并联构成的电路如图 3.3.2 所示，其并联后实现的逻辑功能如表 3.3.1 所示。显然，L 与 L_1、L_2 之间为"与"逻辑关系，即

$$L = L_1 \cdot L_2$$

　　由于这种"与"逻辑是两个 OD 门的输出线直接相连实现的，故称作"线与"。图 3.3.2 实现的逻辑表达式为

$$L = L_1 \cdot L_2 = \overline{A \cdot B} \cdot \overline{C \cdot D}$$

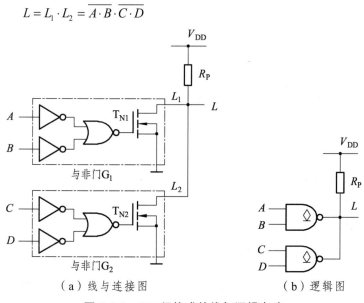

（a）线与连接图　　　　　　　　　　　（b）逻辑图

图 3.3.2　OD 门构成的线与逻辑电路

表 3.3.1   OD 与非门输出端并联后的逻辑功能表

T_{N1}	T_{N2}	L_1	L_2	L
导通	导通	0	0	0
导通	截止	0	1	0
截止	导通	1	0	0
截止	截止	1	1	1

2）实现电平转换

在图 3.3.2（a）中，当 T_{N1} 和 T_{N2} 都截止时，L 输出高电平，这个高电平等于电源电压 V_{DD}，所以只要根据要求选择 V_{DD}，就可以得到所需要的高电平值。

3）用作驱动器

可用它来驱动发光二极管、指示灯、继电器和脉冲变压器等。图 3.3.3 所示是用来驱动发光二极管的电路。当 OD 门输出低电平时，发光二极管导通发光；当 OD 门输出高电平时，发光二极管截止。

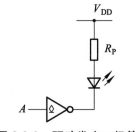

图 3.3.3   驱动发光二极管

3.3.2   三态输出门电路

1. 三态输出门电路的结构及工作原理

三态输出门（简称 TS 门）输出逻辑状态除了有高电平和低电平外，还有第三种状态——高阻状态，或称为禁止状态。

图 3.3.4（a）所示为高电平使能的三态输出缓冲电路，其中 A 为输入端，L 为输出端，EN 为使能输入端。图 3.3.4（b）是它的逻辑符号。

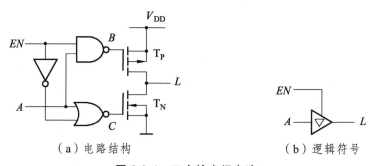

（a）电路结构   （b）逻辑符号

图 3.3.4   三态输出门电路

当 $EN=1$ 时，如果 $A=0$，则 $B=1$，$C=1$，T_N 导通，T_P 截止，输出 $L=0$；如果 $A=1$，则 $B=0$，$C=0$，T_N 截止，T_P 导通，输出 $L=1$。当 $EN=0$ 时，$B=1$，$C=0$，T_N 和 T_P 均截止，输出为高阻状态。三态输出门电路的真值表如表 3.3.2 所示。

表 3.3.2　三态输出门的真值表

使能 EN	输入 A	输出 L
1	0	0
1	1	1
0	×	高阻

2. 三态输出门的应用

1）构成多路开关

三态输出门构成的多路开关如图 3.3.5 所示。当 $EN=1$ 时，G_1 工作，G_2 高阻状态，$F=A$；当 $EN=0$ 时，G_2 工作，G_1 高阻状态，$F=B$。所以 G_1、G_2 构成两个开关，可根据需要将 A 或 B 送到输出端。

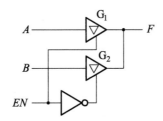

图 3.3.5　三态输出门构成的多路开关

2）构成双向开关

三态输出门构成的双向开关如图 3.3.6 所示。当 $EN=1$ 时，G_1 工作，G_2 高阻状态，信号从左向右传输，$B=A$；当 $EN=0$ 时，G_2 工作，G_1 高阻状态，信号从右向左传输，$A=B$。

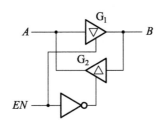

图 3.3.6　三态输出门构成的双向开关

3）构成总线传输结构

三态输出门构成的总线传输结构如图 3.3.7 所示，n 个三态输出门的输出端都连接到总线上，构成单向总线。n 路信号都可以通过总线进行传输，但任何时刻，都只允许一个三态输出门工作，其余的三态门均处于高阻状态。例如，要传送 D_1，则令 $EN_1=1$，$EN_2=\cdots=EN_n=1$，使 G_1 工作，G_2、……、G_n 为高阻状态，这样 G_1 门的数据 D_1 被传到总线上。

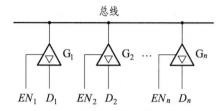

图 3.3.7　三态输出门构成的总线传输结构

3.4　CMOS 逻辑门电路的主要参数

　　生产逻辑门电路的厂家，通常都会为用户提供逻辑器件的数据手册。对于不同系列的 CMOS 电路，只要型号最后的数字相同，它们的逻辑功能就一样，但是电气性能参数有所不同。在这里仅从使用的角度介绍逻辑门电路的几个外部特性参数，目的是希望对逻辑门电路的性能指标有一个概括性的认识。至于每种逻辑门的实际参数，可在具体使用时查阅有关的产品手册和说明。

1. 输入和输出的高、低电平

　　前面已讨论，数字电路中用 1 表示高电平，用 0 表示低电平。当逻辑电路的输入信号在一定范围变化时，数字电路的输出并不会改变，因此 1 和 0 对应一定的电压范围。不同系列的集成电路，输入和输出为 1 和 0 所对应的电压范围不同。生产厂家的数据手册中一般都给出四种逻辑电平参数：输入低电平的上限值 $U_{IL(max)}$、输入高电平的下限值 $U_{IH(min)}$、输出低电平的上限值 $U_{OL(max)}$ 和输出高电平的下限值 $U_{OH(min)}$。

　　表 3.4.1 列出了几种 CMOS 集成电路在典型工作电压时的输入高、低电压值，以及在规定输出电流条件下的输出高、低电压值。

表 3.4.1　几种 CMOS 系列非门的输入和输出电压值及输入噪声容限

类型 参考/单位	4000 $\left(\begin{array}{c}V_{DD}=5\ V\\I_O=1\ mA\end{array}\right)$	74HC $\left(\begin{array}{c}V_{DD}=5\ V\\I_O=0.02\ mA\end{array}\right)$	74HCT $\left(\begin{array}{c}V_{DD}=5\ V\\I_O=0.02\ mA\end{array}\right)$	74LVC $\left(\begin{array}{c}V_{DD}=3.3\ V\\I_O=0.1\ mA\end{array}\right)$	74AUC $\left(\begin{array}{c}V_{DD}=1.8\ V\\I_O=0.1\ mA\end{array}\right)$
$U_{IL(max)}$ /V	1.0	1.5	0.8	0.8	0.6
$U_{OL(max)}$ /V	0.05	0.1	0.1	0.2	0.2
$U_{IH(min)}$ /V	4.0	3.5	2.0	2.0	1.2
$U_{OH(min)}$ /V	4.95	4.9	4.9	3.1	1.7
高电平噪声容限 (U_{NH} / V)	0.95	1.4	2.9	1.1	0.5
低电平噪声容限 (U_{NL} / V)	0.95	1.4	0.7	0.6	0.4

2. 噪声容限

　　在数字系统中，各逻辑电路之间的连线可能会受到各种噪声的干扰，如信号传输引起的噪声，信号的高低电平转换引起的噪声，或者邻近开关信号所引起的随机脉冲的噪声。这些噪声会叠加在工作信号上，只要其幅度不超过逻辑电平允许的最小值或最大值，则输出逻辑状态不会受影响。通常将这个最大噪声幅度称为噪声容限。电路的噪声容限越大，其抗干扰能力越强。

图 3.4.1 所示为噪声容限定义的示意图。前一级驱动门电路的输出，就是后一级负载门电路的输入。则输入高电平的噪声容限可用 U_{NH} 表示，即

$$U_{NH} = U_{OH(min)} - U_{IH(min)} \tag{3.4.1}$$

U_{NH} 反映了驱动门输出高电平时，容许叠加在其上的负向噪声电压的最大值。类似地，输入低电平的噪声容限可用 U_{NL} 表示，即

$$U_{NL} = U_{IL(max)} - U_{OL(max)} \tag{3.4.2}$$

U_{NL} 反映了驱动门输出低电平时，容许叠加在其上的正向噪声电压的最大值。表 3.4.1 列出了几种 CMOS 系列的噪声容限。

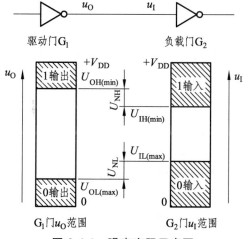

图 3.4.1　噪声容限示意图

3. 传输延迟时间

在集成门电路中，由于晶体管开关时间的影响，使得输出与输入之间存在传输延迟。传输延迟时间越短，工作速度越快，工作频率越高。因此，传输延迟时间是衡量门电路工作速度的重要指标。

当非门电路的输入端加入一脉冲波形时，其相应的输出波形如图 3.4.2 所示。通常将输入波形上升沿的中点与输出波形下降沿的中点的时间间隔，用 t_{PHL} 表示；将输入波形下降沿的中点与输出波形上升沿的中点的时间间隔，用 t_{PLH} 表示。用 t_{PHL} 和 t_{PLH} 的平均值表示传输延迟时间 t_{pd}，即

$$t_{pd} = \frac{1}{2}(t_{PLH} + t_{PHL}) \tag{3.4.3}$$

CMOS 集成门电路的传输延迟时间一般为几个纳秒到几十个纳秒。

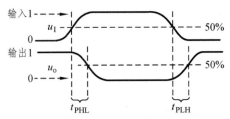

图 3.4.2　门电路传输延迟波形图

4. 功　耗

功耗是门电路的重要参数之一，它分为静态功耗和动态功耗。静态功耗指的是电路没有状态转换时的功耗，动态功耗指的是电路在输出状态转换时的功耗。静态时，CMOS 电路的电流非常小，使得静态功耗非常低。CMOS 动态功耗正比于转换频率和电源电压，所以为了降低功耗，可以选用低电源电压器件，如 3.3 V 的 74LVC 系列、1.8 V 的 74AUC 系列或超低功耗 74AUP 系列。

5. 扇入和扇出数

门电路的扇入数取决于它的输入端的个数，例如一个 3 输入端的与非门，其扇入数为 3。

门电路的扇出数是指其在正常工作情况下，所能带同类门电路的最大数目。扇出数的计算要分两种情况，一种是拉电流负载，另一种是灌电流负载。

1）拉电流工作情况

图 3.4.3（a）所示为拉电流负载的情况。当驱动门的输出端为高电平时，将有电流 I_{OH} 从驱动门拉出而流入负载门，负载门的输入电流为 I_{IH}。当负载门的个数增加时，总的拉电流将增加，会引起输出高电平的降低。但不得低于输出高电平的下限值，这就限制了负载门的个数。这样，输出为高电平时的扇出数可表示为

$$N_{OH} = \frac{I_{OH}(\text{驱动门})}{I_{IH}(\text{负载门})} \tag{3.4.4}$$

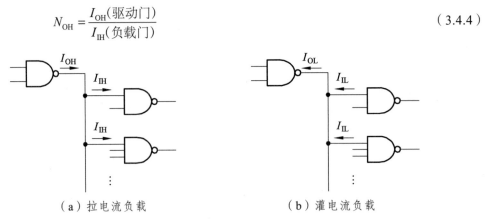

（a）拉电流负载　　　　　　　　　　　　（b）灌电流负载

图 3.4.3　扇出数的计算

2）灌电流工作情况

图 3.4.3（b）所示为灌电流负载的情况。当驱动门的输出端为低电平时，电流 I_{OL} 流入驱动门，它是负载门输入端电流 I_{IL} 之和。当负载门的个数增加时，总的灌电流 I_{OL} 将增加，同

时会引起输出低电平的升高。在保证不超过输出低电平的上限值时，驱动门所能驱动同类门的个数由下式决定：

$$N_{OL} = \frac{I_{OL}(\text{驱动门})}{I_{IL}(\text{负载门})} \qquad\qquad (3.4.5)$$

在实际的工程设计中，如果 $N_{OH} \neq N_{OL}$，则取二者中的最小值。

例 3.4.1 已知 74HC00 的电流参数为 $I_{IH(max)} = 1\,\mu A$，$I_{IL(max)} = -1\,\mu A$，$I_{OH(max)} = -0.02\,mA$，$I_{OL(max)} = 0.02\,mA$。求 74HC00 的扇出数。

解： 输出高电平时的扇出数为：

$$N_{OH} = \frac{I_{OH}}{I_{IH}} = \frac{0.02\,mA}{1\,\mu A} = 20$$

输出低电平时的扇出数为：

$$N_{OL} = \frac{I_{OL}}{I_{IL}} = \frac{0.02\,mA}{1\,\mu A} = 20$$

由于 $N_{OH} = N_{OL}$，所以 74HC00 的扇出数为 20。

3.5　TTL 逻辑门电路

3.5.1　双极型三极管的开关特性

双极型三极管开关电路如图 3.5.1（a）所示，只要电路的参数合适，必能做到：当输入信号 u_I 为低电平时，三极管发射结和集电结都反偏，三极管处于截止状态，输出为高电平，等效电路如图 3.5.1（b）所示；当 u_I 为高电平时，三极管发射结和集电结都正偏，三极管处于饱和状态，输出为低电平，等效电路如图 3.5.1（c）所示。三极管的开关特性表现为 c、e 间是受 b 端电压控制的开关。

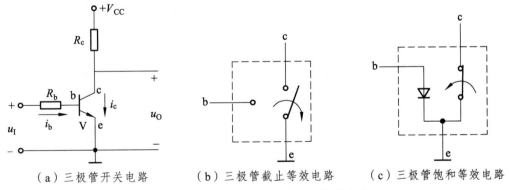

（a）三极管开关电路　　　　（b）三极管截止等效电路　　　　（c）三极管饱和等效电路

图 3.5.1　双极型三极管开关电路及等效电路

3.5.2　TTL 反相器

TTL 门电路是三极管—三极管逻辑电路（Transistor-Transistor Logic）的简称，它具有结构简单、工作性能稳定可靠、工作速度快等优点。它是目前双极型集成电路中用得最多的一种集成电路。

1. TTL 反相器的结构和工作原理

TTL 反相器的基本电路如图 3.5.2 所示，它由三部分组成：T_1 和 R_{b1} 组成的输入级，其作用是提高工作速度及阻抗匹配；T_2、R_{c2} 和 R_{e2} 组成的倒相级，其作用是将输入信号 u_{I2} 转换为极性相反的两个输出信号 u_{I3} 和 u_{I4}；T_3、T_4、D 和 R_{c4} 组成的推拉式输出级，其作用是提高开关速度和带负载能力。

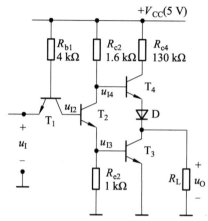

图 3.5.2　TTL 反相器的基本电路

当输入电压 $u_I = U_{IL} = 0.2\ \text{V}$ 时，T_1 的发射结导通，其基极电压为 $u_{B1} = U_{IL} + U_{BE1} = 0.9\ \text{V}$，该电压作用于 T_1 的集电结和 T_2、T_3 的发射结上，所以 T_2、T_3 都截止，而 T_4 和 D 导通。由于 T_2 截止，R_{c2} 上只有较小的基极电流，压降可忽略不计，则 $u_O = U_{OH} \approx V_{CC} - U_{BE4} - U_D = 3.6\ \text{V}$。

当输入电压 $u_I = U_{IH} = 3.6\ \text{V}$ 时，V_{CC} 通过 R_{b1} 和 T_1 集电结给 T_2、T_3 提供基极电流，T_2、T_3 饱和导通，此时 $u_{B1} = U_{BC1} + U_{BE2} + U_{BE3} = 2.1\ \text{V}$，使 T_1 管的发射结反偏，而集电结正偏，所以使 T_1 管处于倒置放大状态。由于 T_2 和 T_3 的基极电流为 T_1 的集电极电流，T_2 和 T_3 处于饱和状态，$u_{C2} = U_{CES2} + U_{BE3} = 0.9\ \text{V}$。该电压作用于 T_4 的发射结和二极管 D 两个 PN 结上，所以 T_4 和 D 截止。由于 T_3 饱和，则有 $u_O = U_{OL} \approx U_{CES3} = 0.2\ \text{V}$。

可见输出与输入之间是反相关系。

2. TTL 非门电压的传输特性

把 TTL 反相器电路的输出电压与输入电压的变化用曲线描绘出来，就得到了 TTL 反相器的电压传输特性曲线，如图 3.5.3 所示。

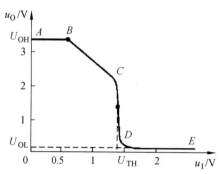

图 3.5.3　TTL 反相器电压传输曲线

在曲线 AB 段，当 $u_I < 0.6\ \text{V}$ 时，有 $u_{B1} < 1.3\ \text{V}$，T_2、T_3 截止而 T_4、D 导通，故输出为高电平 $U_{OH} \approx V_{CC} - U_{BE4} - U_D = 3.6\ \text{V}$，这一段为截止区。

在 BC 段，当 $0.7\ \text{V} < u_I < 1.3\ \text{V}$ 时，T_2 工作在放大区、T_3 截止。此时随着 u_I 的升高 u_o 线性下降。这一段为线性区。

在 CD 段，当输入电压 u_I 上升到 1.4 V 左右时，u_{B1} 约为 2.1 V，此时 T_2 和 T_3 将同时导通，T_4 截止，输出电压急剧地下降为低电平。这一段为转折区。转折区中点对应的输入电压称为阈值电压，用 U_{TH} 表示。

在 DE 段，u_I 继续升高时，u_O 不再变化，这一段为饱和区。

如果将 TTL 反相器的输入端通过一个可变电阻 R 接地，改变 R 的大小，也可得到图 3.5.3 所示的电压传输特性曲线，此时将可变电阻 R 两端的电压视为 u_I。当 $R = 0$（输入端短路，即输入端直接接地）时，$u_O = U_{OH}$；当 $R = \infty$（输入端开路）时，$u_O = U_{OL}$。把 $u_I = U_{IL(max)}$ 时所对应的 R 称为关门电阻 R_{OFF}；把 $u_I = U_{IH(min)}$ 时所对应的 R 称为开门电阻 R_{ON}。TTL 门电路的关门电阻 R_{OFF} 的典型值为 0.8 kΩ，开门电阻 R_{ON} 的典型值为 2 kΩ。

由此可见，TTL 门的输入端通过小于 R_{OFF} 的电阻接地，该输入端等效于输入低电平；TTL 门的输入端开路（输入引脚悬空）或通过大于 R_{ON} 的电阻接地，该输入端等效于输入高电平；TTL 门的输入端不允许将阻值在 $R_{OFF} \sim R_{ON}$ 的电阻接在输入端。

3.6　集成电路使用中的几个实际问题

利用逻辑门电路做具体的电路设计时，还要注意以下几个问题。

1. TTL 与 CMOS 集成电路的接口问题

TTL 门电路和 CMOS 门电路是两种不同类型的电路，它们的参数并不完全相同。因此，在一个数字系统中，如果同时使用 TTL 门电路和 CMOS 门电路，为了保证系统能够正常工作，必须考虑两者之间的连接问题，以满足表 3.6.1 所列条件。如果不满足表 3.6.1 所列条件，必须增加接口电路。常用的方法有增加上拉电阻、采用专门接口电路、驱动门并接等。如图 3.6.1 所示，这是 TTL 门驱动 CMOS 门的情况，为了两者的电平匹配，在 TTL 驱动门的输出端接了上拉电阻 R。

表 3.6.1　TTL 门与 CMOS 门的连接条件

驱 动 门		负 载 门
$U_{OH(min)}$	>	$U_{IH(min)}$
$U_{OL(max)}$	<	$U_{IL(max)}$
I_{OH}	>	I_{IH}
I_{OL}	>	I_{IL}

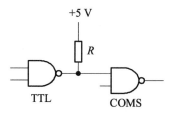

图 3.6.1　TTL 驱动门与 CMOS 负载门的连接

凡是和 TTL 门兼容的 CMOS 门（如 74HCT×× 和 74ACT×× 系列 CMOS 门），可以和 TTL 的输出端直接连接，不必外加元器件。至于其他 CMOS 门电路与 TTL 门电路的连接，可以采用电平转换器，如 CC4049（六反相器）或 CC4050（六缓冲器）等，或采用 CMOS 漏极开路门（OD 门），如 CC40107 等，其具体方法可以参考相关的技术资料。

2. 数字系统带其他负载时的输出电路

在数字系统中，往往需要用发光二极管来显示信息。图 3.6.2 为两个数字系统直接驱动显示器件的电路，电路中串接了一限流电阻以保护 LED，同时减小驱动电路的负担。

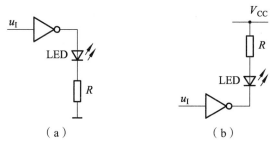

图 3.6.2　反相器驱动 LED 电路

1）数字系统直接驱动显示器件

图 3.6.2（a）中，当门电路输出高电平时，有电流流过 LED，LED 亮；反之 LED 灭。图 3.6.2（b）中，当门电路输出低电平时，有电流流过 LED，LED 亮；反之 LED 灭。图 3.6.2（b）中，输出级门电路既可以是普通输出门，也可以是 OC 输出门。

电阻的选择也分两种情况。

对于图 3.6.2（a）所示电路，有

$$R = \frac{U_{OH} - U_F}{I_D}$$

对于图 3.6.2（b）所示电路，有

$$R = \frac{V_{CC} - U_F - U_{OL}}{I_D}$$

式中：I_D 为 LED 的额定电流；U_F 为 LED 的正向压降；U_{OH} 和 U_{OL} 为门电路的输出高、低电平，常取典型值。

需要说明的是，I_D 是由数字系统输出级提供的驱动电流，必须满足 $|I_D| \leqslant |I_{O\,(max)}|$ 的要求，否则还要增加驱动电路。

2）数字系统驱动机电性负载

在工程实践中，往往会遇到用各种数字电路控制机电性系统的功能的情况，如控制电动机的位置和转速，继电器的接通与断开，流体系统中的阀门的开通和关闭，自动生产线中的机械手参数控制等。下面以驱动继电器负载为例来说明。

在继电器的应用中，继电器本身有额定的电压和电流参数。一般情况下，可用电流放大器作为驱动电路或用运算放大器作为驱动接口电路。对于小型继电器，可以用两个门电路并联，如图 3.6.3。

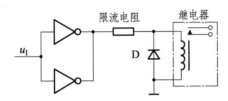

图 3.6.3　用并联逻辑门提高驱动能力

3. 抗干扰措施

1）多余输入端的处理措施

集成逻辑门电路在使用时，一般不让多余的输入端悬空，以防引入干扰信号。对多余输入端的处理以不改变电路工作状态及稳定可靠为原则，如图 3.6.4 所示。一是将它与其他输入端并接在一起。二是根据逻辑要求，与门或者与非门的多余输入端通过 1 ~ 3 kΩ电阻接电源，对于 CMOS 电路可以直接接电源；或门或者或非门的多余输入端接地。

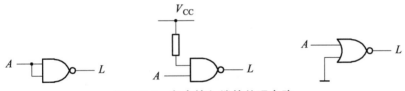

图 3.6.4　多余输入端的处理电路

2）去耦合滤波器

数字电路或系统往往是由多片芯片构成，它们是由一公共的直流电源供电。这种电源一般由整流稳压电路供电，具有一定的内阻抗。当数字电路运行时，产生较大的脉冲电流或尖峰电流，当它们流经公共的内阻抗时，必将产生相互的影响，甚至使逻辑功能发生错乱。一种常用的处理方法是采用去耦合滤波器，通常是用 10 ~ 100 μF 的大电容器与直流电源并联以滤除不需要的频率成分。除此之外，对于每一集成芯片还加接 0.1 μF 的电容器以滤除开关噪声（0.1 μF 的电容器紧挨芯片电源引脚安装）。

3）接地和安装工艺

正确的接地技术对于降低电路噪声是很重要的。这方面可将电源地与信号地分开，先将信号地汇集在一点，然后将两者用最短的导线连在一起，以避免含有多种脉冲波形（含尖峰电流）的大电流引到某数字器件的输入端而导致正常的逻辑功能失效。此外，当系统中兼有模拟和数字两种器件时，同样需要将两者的地分开，然后再选用一个合适的公共点接地，以免除二者之间的影响。必要时，也可以设计模拟和数字两块电路板，各备直流电源，然后将二者的地恰当连接在一起。在印刷电路板的设计或安装中，要注意连线尽可能短，以减少接线电容而导致寄生反馈有可能引起的寄生振荡。有关这方面技术问题的详细介绍，可参阅有关文献。数字集成电路的数据手册，也提供某些典型电路的应用设计，是有益的参考资料。

本章小结

在数字电路中，不论哪一种逻辑门电路，其关键器件都是场效应管（MOS）和双极型三极管（BJT），它们作为开关器件工作在"通"与"断"两种状态。

门电路是构成各种复杂数字电路的基本逻辑单元，掌握各种门的逻辑功能和电气特性，对于正确使用数字集成电路是十分必要的。

本章重点介绍目前应用最广的 CMOS 和 TTL 两类集成门电路。在学习这些集成电路时应将重点放在它们的外部电气特性上，即电压传输特性、输入特性、输出特性和动态特性等。介绍集成逻辑门内部电路结构和工作原理都是为了帮助读者加深对其外部特性的理解，以便更好地应用数字集成电路。关于逻辑门的电气外特性适合几乎所有的数字集成电路，包括后面几章讲述的触发器、各种中规模集成电路等。

数字系统经常要用到漏极开路门（集电极开路门）或三态输出器件。正确理解它们的输出特性是非常重要的。

在数字系统中可能存在不同类型门电路之间、门电路与负载之间的接口技术问题，这也是数字电路设计工作者应该掌握的。

习　题

3.1　按照制造门电路晶体管的不同，集成门电路分为哪几种类型？各种类型的代表是什么？

3.2　为什么要发展低电压和超低电压 CMOS 器件？

3.3　数字逻辑变量可以取什么值？晶体管在数字电路中工作在什么状态？

3.4　试分析图题 3.4 所示的 CMOS 电路，说明它们的电路功能。

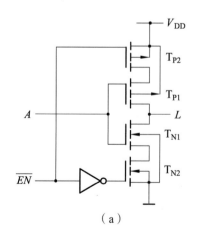

（a）

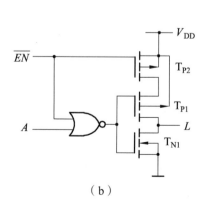

（b）

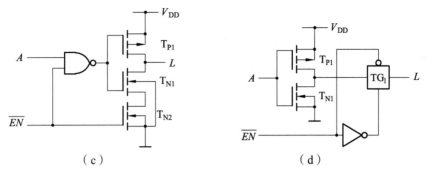

（c）　　　　　　　　　　　（d）

图题 3.4

3.5　图题 3.5（a）所示电路的输入信号波形如图（b）所示。试写出输出函数的逻辑表达式并画出输出信号的波形。

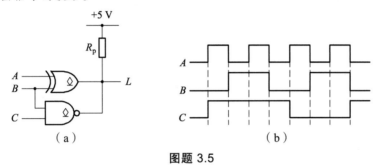

（a）　　　　　　　　　　　（b）

图题 3.5

3.6　分析图题 3.6 所示电路的逻辑功能。

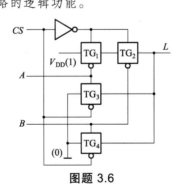

图题 3.6

3.7　分析图题 3.7 所示电路的逻辑功能。

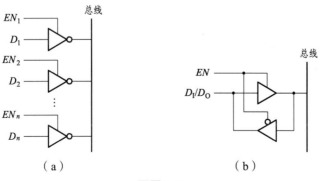

（a）　　　　　　　　　　　（b）

图题 3.7

3.8   已知四输入与非门 74AS20 的电流参数为 $I_{OL(max)} = 20\ \text{mA}$，$I_{IL(max)} = 0.5\ \text{mA}$，$I_{OH(max)} = 2\ \text{mA}$，$I_{IH(max)} = 20\ \mu\text{A}$。试计算 74AS20 的扇出数。

3.9   已知 TTL 门电路的关门电阻 $R_{OFF} = 0.8\ \text{k}\Omega$，开门电阻 $R_{ON} = 2\ \text{k}\Omega$。试写出图题 3.9 所示电路输出端 $L_1 \sim L_3$ 的逻辑表达式。

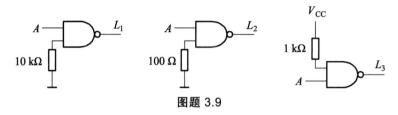

图题 3.9

3.10   试说明能否将与非门、或非门、异或门当作反相器使用？如果可以，各输入端如何连接？

第 4 章　组合逻辑电路

数字系统中的逻辑电路分为组合逻辑电路和时序逻辑电路。本章首先介绍组合逻辑电路的特点；然后介绍组合逻辑电路的分析方法、设计方法以及竞争—冒险产生的原因及消除方法；最后介绍几种常用的组合逻辑电路的逻辑功能和应用。

4.1　概　述

如果一个逻辑电路在任一时刻的输出状态只取决于该时刻的输入状态，而与电路以前的状态无关，则称该电路为组合逻辑电路。组合逻辑电路的一般框图如图 4.1.1 所示，其中 $A_1, A_2, \cdots, A_n$ 为电路的输入变量，$L_1, L_2, \cdots, L_m$ 为电路的输出变量。输出变量与输入变量的逻辑关系可用如下逻辑函数来描述，即：

$$L_1 = f_1(A_1, A_2, \cdots, A_n)$$
$$L_2 = f_2(A_1, A_2, \cdots, A_n)$$
$$\cdots\cdots$$
$$L_m = f_m(A_1, A_2, \cdots, A_n)$$

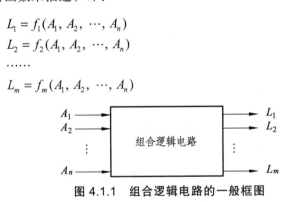

图 4.1.1　组合逻辑电路的一般框图

从电路结构来看，逻辑电路具有如下特点：
（1）输出、输入之间没有反馈延迟通路；
（2）电路中不含具有记忆功能的元件。

4.2　组合逻辑电路的分析

组合逻辑电路分析的目的，就是确定给定电路的逻辑功能，一般可以按以下步骤进行：
（1）根据给定的逻辑图，写出输出逻辑函数表达式；
（2）将输出逻辑函数表达式化简和变换，以得到最简的表达式；
（3）根据最简表达式列出输出函数的真值表；
（4）根据真值表确定电路的逻辑功能。
以上步骤应视具体情况灵活处理，不要生搬硬套。

例 4.2.1　试分析图 4.2.1（a）所示逻辑电路的逻辑功能。

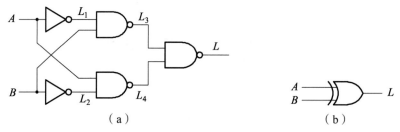

（a）　　　　　　　　　　　（b）

图 4.2.1　例 4.2.1 的逻辑图

解：（1）写出输出逻辑函数表达式为

$$L_1 = \overline{A}$$

$$L_2 = \overline{B}$$

$$L_3 = \overline{L_1 \cdot B} = \overline{\overline{A} \cdot B}$$

$$L_4 = \overline{A \cdot L_2} = \overline{A \cdot \overline{B}}$$

$$L = \overline{L_3 \cdot L_4} = \overline{\overline{\overline{A} \cdot B} \cdot \overline{A \cdot \overline{B}}}$$

（2）将逻辑函数表达式进行变换

$$L = \overline{\overline{\overline{A} \cdot B} \cdot \overline{A \cdot \overline{B}}} = \overline{A} \cdot B + A \cdot \overline{B}$$

根据变换后的结果可知，该电路实现"异或"逻辑功能：当输入 A 和 B 取值不同时，输入 L 为 1，所以该电路可简化为图 4.2.1（b）所示。

例 4.2.2　试分析图 4.2.2 所示逻辑电路的逻辑功能。

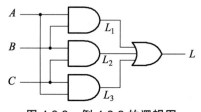

图 4.2.2　例 4.2.2 的逻辑图

解：（1）写出输出逻辑表达式为

$$L_1 = A \cdot B$$

$$L_2 = B \cdot C$$

$$L_3 = A \cdot C$$

$$L = L_1 + L_2 + L_3 = A \cdot B + B \cdot C + A \cdot C$$

（2）该式已最简，不必再化简。

（3）根据输出逻辑表达式列出真值表如表 4.2.1 所示。

表 4.2.1　例 4.2.2 的真值表

A	B	C	L
0	0	0	0
0	0	1	0
0	1	0	0
0	1	1	1
1	0	0	0
1	0	1	1
1	1	0	1
1	1	1	1

（4）确定逻辑功能。分析真值表可知，当 A、B、C 三个输入变量的取值中有 2 个为 1 或 3 个为 1 时，输出 L 为 1，否则 L 为 0。所以该电路为三人表决电路。

4.3　组合逻辑电路的设计

组合逻辑电路的设计是根据逻辑功能要求，经过逻辑抽象，找出用最少的逻辑门实现该逻辑功能的方案，并画出逻辑电路图。

本节将通过实例来讨论用小规模集成门电路来设计组合逻辑电路的方法。对于用中规模集成电路逻辑器件来设计组合逻辑电路，将在后面章节中结合具体逻辑器件来讨论。

组合逻辑电路设计的步骤如下：

（1）进行逻辑抽象，列出真值表。

① 分析事件的因果关系，确定输入变量和输出变量。通常把引起事件的原因定为输入变量，而把事件的结果作为输出变量。

② 定义逻辑状态的含意。用 0 和 1 两种状态分别表示输入变量和输出变量的两种不同状态。

③ 根据给定的因果关系列出真值表。

（2）根据真值表写出逻辑函数表达式。

（3）化简或变换逻辑函数表达式。

（4）画出逻辑图。

例 4.3.1　试设计一个 3 位的奇校验电路。当 3 位数中有奇数个 1 时输出为 1，否则输出为 0。

解：（1）根据题意，可列出真值表，如表 4.3.1 所示。

表 4.3.1　例 4.3.1 的真值表

A	B	C	L
0	0	0	0
0	0	1	1
0	1	0	1
0	1	1	0
1	0	0	1
1	0	1	0
1	1	0	0
1	1	1	1

（2）根据真值表，写出逻辑表达式。

$$L = \overline{A}\cdot\overline{B}\cdot C + \overline{A}\cdot B\cdot\overline{C} + A\cdot\overline{B}\cdot\overline{C} + A\cdot B\cdot C$$

（3）化简或变换逻辑表达式。

$$
\begin{aligned}
L &= \overline{A}\cdot\overline{B}\cdot C + \overline{A}\cdot B\cdot\overline{C} + A\cdot\overline{B}\cdot\overline{C} + A\cdot B\cdot C \\
&= \overline{A}\cdot(\overline{B}\cdot C + B\cdot\overline{C}) + A(\overline{B}\cdot\overline{C} + B\cdot C) \\
&= \overline{A}\cdot(B\oplus C) + A\cdot(\overline{B\oplus C}) \\
&= A\oplus B\oplus C
\end{aligned}
$$

图 4.3.1　例 4.3.1 的逻辑图

（4）画出逻辑图，如图 4.3.1 所示。

例 4.3.2　用与非门设计一个组合逻辑电路，该电路输入为 8421 BCD 码，当输入≥5 时输出 L 为 1，否则输出为 0。

解：（1）根据题意可知，当输入变量 ABCD 取值为 0000～0100（即≤4）时，函数 L 值为 0；当 ABCD 取值为 0101～1001（即≥5）时，函数 L 值为 1；1010～1111 的 6 种输入是不允许出现的，可做任意状态处理（可当作 1，也可当作 0），用"×"表示。由此列出真值表如表 4.3.2 所示。

表 4.3.2　例 4.3.2 的真值表

A	B	C	D	L	A	B	C	D	L
0	0	0	0	0	1	0	0	0	1
0	0	0	1	0	1	0	0	1	1
0	0	1	0	0	1	0	1	0	x
0	0	1	1	0	1	0	1	1	x
0	1	0	0	0	1	1	0	0	x
0	1	0	1	1	1	1	0	1	x
0	1	1	0	1	1	1	1	0	x
0	1	1	1	1	1	1	1	1	x

（2）根据真值表，写出输出逻辑函数表达式为

$$L(A, B, C, D) = \sum m(5,6,7,8,9) + \sum d(10,11,12,13,14,15)$$

（3）化简逻辑表达式，并转换成适当形式。

由最小项表达式，画出函数卡诺图如图 4.3.2 所示，化简得到的函数最简与或表达式为

$$L = A + B \cdot D + B \cdot C$$

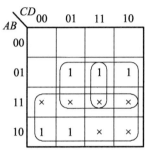

图 4.3.2　例 4.3.2 的卡诺图

根据题意，要用与非门设计，将上述逻辑表达式变换成与非-与非形式：

$$L = \overline{\overline{A} \cdot \overline{B \cdot D} \cdot \overline{B \cdot C}}$$

（4）画出逻辑电路图。

根据与非-与非逻辑表达式，可画出逻辑电路图如图 4.3.3 所示。

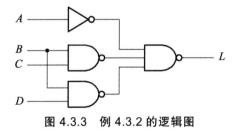

图 4.3.3　例 4.3.2 的逻辑图

4.4　组合逻辑电路中的竞争-冒险

前面进行组合逻辑电路的分析与设计时，都没有考虑逻辑门的延迟时间对电路产生的影响。实际上，信号经过逻辑门电路都需要一定的时间。由于不同路径上门的级别不同，信号经过不同路径传输的时间不同，或者门的级别相同，而各个门延迟时间的差异，也会造成传输时间的不同。因此，电路在信号电平发生变换瞬间，可能与稳态下的逻辑功能不一致，产生错误输出，这种现象称为竞争-冒险。

4.4.1　产生竞争-冒险的原因

下面通过两个简单的电路的工作情况，说明产生竞争-冒险的原因。在图 4.4.1（a）所示电路中，在稳态情况下，输出 L 始终为 0。当 A 由 0 变为 1 时，由于反相器的延迟，$\overline{A}$ 由 1

变 0 的变化会滞后 A 的变化，因此在很短的时间间隔内，与门的两个输入端均为 1，使输出端出现一个正脉冲，工作波形如图 4.4.1（b）所示。

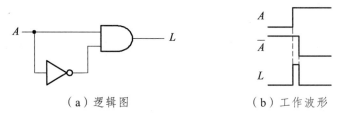

（a）逻辑图　　　　　　　（b）工作波形

图 4.4.1　产生正跳变脉冲的竞争-冒险

同理，在图 4.4.2（a）所示电路中，在稳态情况下，输出 L 始终为 1。当 A 由 1 变为 0 时，$\bar{A}$ 由 0 变为 1 的变化会滞后 A 的变化，因此在很短的时间间隔内，或门的两个输入端均为 0，使输出端出现一个负脉冲，工作波形如图 4.4.2（b）所示。

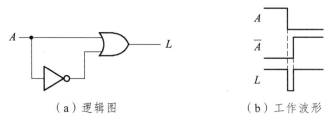

（a）逻辑图　　　　　　　（b）工作波形

图 4.4.2　产生负跳变脉冲的竞争-冒险

综上所述，一个逻辑门的两个输入端的信号同时向相反方向变化，而变化的时间有差异的现象，称为竞争。由竞争而可能产生输出干扰脉冲的现象称为冒险。值得注意的是，有竞争现象时不一定都会产生冒险现象。

4.4.2　竞争-冒险现象的判断方法

1. 代数法

如果输出端的逻辑函数在一定条件下能简化成

$$L = A + \bar{A} \quad 或 \quad L = A \cdot \bar{A}$$

则可判定存在竞争-冒险。

例 4.4.1　判断 $L_1 = A \cdot C + B \cdot \bar{C}$ 和 $L_2 = A \cdot C + B \cdot \bar{C} + A \cdot B$ 是否存在竞争—冒险。

解： 当 $A = B = 1$ 时，$L_1 = C + \bar{C}$，因此 C 变量与 $\bar{C}$ 变量经过的时间是不相同的，故 L_1 存在竞争-冒险现象。

当 $A = B = 1$ 时，$L_2 = C + \bar{C} + 1$，由于 $A \cdot B = 1$，所以 L_2 始终为 1，故 L_2 不存在竞争-冒险现象。

2. 卡诺图法

除上述判断方法外，还可以用卡诺图进行判断。其具体做法是：首先画出逻辑函数的卡诺图，并画出和逻辑表达式中各"与"项对应的卡诺圈，若发现某两个卡诺圈存在"相切"

关系，即两个卡诺圈之间存在不被同一卡诺圈包含的相邻最小项，则该电路可能产生竞争-冒险。

例 4.4.2　已知某逻辑电路的逻辑表达式为 $L = \bar{A} \cdot D + \bar{A} \cdot C + A \cdot B \cdot \bar{C}$，试判断电路是否存在竞争-冒险。

解：画出给定函数 L 的卡诺图，并画出逻辑表达式中各"与"项对应的卡诺圈，如图 4.4.3（a）所示。

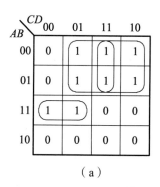
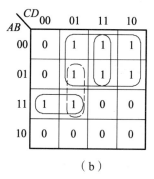

（a）　　　　　　　　　　　　　　（b）

图 4.4.3　例 4.4.2 卡诺图

观察图 4.4.3（a）所示卡诺图可发现，包含最小项 m_1、m_3、m_5、m_7 的卡诺圈和包含最小项 m_{12}、m_{13} 的卡诺圈中，m_5 和 m_{13} 相邻，且 m_5 和 m_{13} 不被同一卡诺圈所包含，所以这两个卡诺圈"相切"。因此该电路存在竞争-冒险。这一结论也可用代数法进行验证，假定 $B = D = 1$，$C = 0$，代入逻辑表达式可得 $L = A + \bar{A}$，可见相应电路可能由于 A 的变化而产生冒险。

4.4.3　竞争-冒险现象的消除方法

1. 发现并消去互补乘积项

例如，逻辑表达式 $L = (A + B) \cdot (\bar{A} + C)$，在 $B = C = 0$ 时，$L = A \cdot \bar{A}$，所以存在竞争-冒险。如果将该式变换为

$$L = (A + B) \cdot (\bar{A} + C) = A \cdot \bar{A} + A \cdot C + \bar{A} \cdot B + B \cdot C = A \cdot C + \bar{A} \cdot B + B \cdot C$$

将 $A \cdot \bar{A}$ 消去，就不会出现竞争-冒险。

2. 增加乘积项以避免互补项相加

在例 4.4.2 中，将输出逻辑表达式 $L = \bar{A} \cdot D + \bar{A} \cdot C + A \cdot B \cdot \bar{C}$ 变为 $L = \bar{A} \cdot D + \bar{A} \cdot C + A \cdot B \cdot \bar{C} + B \cdot \bar{C} \cdot D$，卡诺图如图 4.4.3（b）所示，当 $B = D = 1$、$C = 0$ 时，$L = \bar{A} + A + 1$，就不会出现竞争-冒险。

3. 选通法

可以在电路中加上一个选通信号，当输入信号变化时，输出端与电路断开；当输入稳定后，选通信号工作，使电路输出改变其状态。

4. 滤波法

从实际的竞争-冒险波形上可以看出，其输出的波形宽度非常窄，可以在输入端加上一个小电容来滤去其尖脉冲。

门电路的延时造成了竞争-冒险现象，但是不是所有的竞争-冒险都必须加以消除呢？答案是否定的。竞争-冒险现象虽然会导致电路的误动作，但由于一般门电路的延时为纳秒（ns）数量级，这对于慢速电路来说，不会产生误动作；只有当电路的工作速度与门电路的最高工作速度在同一个数量级（或者门电路的延时与信号的周期在同一个数量级）时，竞争-冒险才必须加以消除。

4.5　常用的组合逻辑电路

由于人们在实践中遇到的逻辑问题层出不穷，因而为解决这些问题而设计的逻辑电路也不胜枚举。然而我们发现，其中有些逻辑电路经常、大量地出现在各种数字系统中。为了使用方便，已经把这些逻辑电路制成了中规模集成的标准化集成电路产品。下面就分别介绍这些电路的工作原理和使用方法。

4.5.1　算术运算电路

算术运算是数字系统的基本功能，算术运算电路更是计算机中不可缺少的组成单元。二进制加法器是算术运算电路中常用的一种电路，应用它再加一些辅助电路，还可以完成减法、乘法等运算。

1. 半加器和全加器

半加器和全加器是算术运算电路中的基本单元，它们是完成 1 位二进制数相加的一种组合逻辑电路。

1）半加器

不考虑低位的进位，只考虑两个加数的加法运算，称为半加。能实现半加运算的逻辑电路称为半加器。半加器的真值表如表 4.5.1 所示。其中 A 和 B 是两个加数，C 是向高位的进位，S 是和数。

表 4.5.1　半加器的真值表

输　　入		输　　出	
A	B	C	S
0	0	0	0
0	1	0	1
1	0	0	1
1	1	1	0

由表 4.5.1 可写出 S 和 C 的逻辑表达式为

$$S = \overline{A} \cdot B + A \cdot \overline{B} = A \oplus B$$
$$C = A \cdot B$$

由表达式可画出半加器的逻辑图，如图 4.5.1（a）所示，图 4.5.1（b）为半加器的逻辑符号。

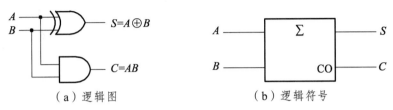

（a）逻辑图　　　　　　　　（b）逻辑符号

图 4.5.1　半加器

2）全加器

能完成被加数、加数和来自低位的进位信号相加的运算称为全加。能实现全加运算的电路称为全加器。根据全加器的功能，可列出它的真值表，如表 4.5.2 所示。其中 A 和 B 为被加数和加数，C_i 为低位的进位，S 为本位和数，C_o 为向高位的进位数。

表 4.5.2　全加器的真值表

输　入			输　出	
A	B	C_i	C_o	S
0	0	0	0	0
0	0	1	0	1
0	1	0	0	1
0	1	1	1	0
1	0	0	0	1
1	0	1	1	0
1	1	0	1	0
1	1	1	1	1

由表 4.5.2 可写出 S 和 C_o 的逻辑表达式为

$$S = \overline{A} \cdot \overline{B} \cdot C_i + \overline{A} \cdot B \cdot \overline{C_i} + A \cdot \overline{B} \cdot \overline{C_i} + A \cdot B \cdot C_i$$
$$= A \oplus B \oplus C_i$$

$$C_o = \overline{A} \cdot B \cdot C_i + A \cdot \overline{B} \cdot C_i + A \cdot B \cdot \overline{C_i} + A \cdot B \cdot C_i$$
$$= A \cdot B + B \cdot C_i + A \cdot C_i$$

由逻辑表达式可画出全加器的逻辑图，如图 4.5.2（a）所示，图 4.5.2（b）为全加器的逻辑符号。

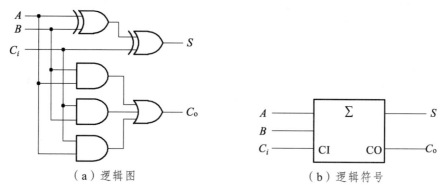

（a）逻辑图　　　　　　　　　　　（b）逻辑符号

图 4.5.2　全加器

2．多位二进制加法器

能实现多位二进制数相加的电路称为多位二进制加法器。根据进位方式不同，有串行进位二进制加法器和超前进位二进制加法器两种。

1）串行进位二进制加法器

串行进位二进制加法器是由若干个全加器级联而成的。图 4.5.3 为由 4 个全加器级联起来构成的 4 位串行二进制数加法器，它是把低位全加器的进位输出端接到高位全加器的进位输入端级联起来构成的。

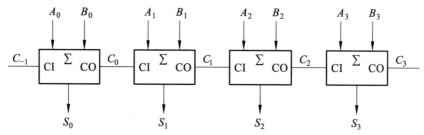

图 4.5.3　4 位串行进位二进制加法器

串行二进制数加法器的优点是电路简单、连接方便；缺点是运算速度不高。由图 4.5.3 所示逻辑图不难理解，最高位的运算，必须等到所有低位运算依次结束，送来进位信号之后才能进行，因此其运算速度受到限制。为了提高加法运算速度，可采用超前进位方式。

2）超前进位加法器

所谓超前进位加法器，就是在做加法运算时，每位的进位只由被加数和加数决定，而与低位的进位无关。图 4.5.4 是 4 位超前进位加法器 74HC283 的逻辑符号，其中 $A_3A_2A_1A_0$、$B_3B_2B_1B_0$ 为两个二进制加数，C_{-1} 为低位的进位输入，C_3 为高位的进位输出，$S_3S_2S_1S_0$ 为相加的和数。

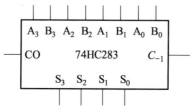

图 4.5.4　74HC283 逻辑符号

如果进行更多位数的加法，则需要进行扩展。图 4.5.5 为用 2 片 74HC283 构成的 8 位二进制加法器。该电路把低位片（1）进位输出（CO）连接到高位片（2）进位输入（C_{-1}），所以级间仍是串行进位方式，当级联数目增加时，会影响运算速度。

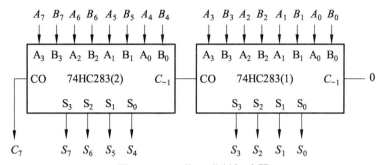

图 4.5.5   8 位二进制加法器

例 4.5.1   分析图 4.5.6 所示电路的逻辑功能。

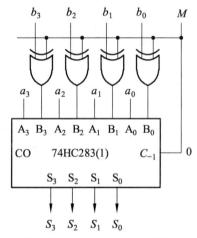

图 4.5.6   例 4.5.1 的逻辑图

解： 由图可知，当 $M=0$ 时，$C_{-1}=0$，$B_i=b_i \oplus M=b_i$，$S=a+b$，电路完成的是加法运算；当 $M=1$ 时，$C_{-1}=1$，$B_i=b_i \oplus M=\overline{b_i}$，$S=a+\overline{b}+1=a-b$，电路完成的是减法运算。

4.5.2   数值比较器

能比较两个二进制数大小的逻辑电路叫数值比较器。

1 位数值比较器的真值表如表 4.4.3 所示，其中 A、B 为输入，$L_{A>B}$、$L_{A=B}$、$L_{A<B}$ 为输出。当 $L_{A>B}$ 输出 1 时，表示 $A>B$；当 $L_{A=B}$ 输出 1 时，表示 $A=B$；当 $L_{A<B}$ 输出 1 时，表示 $A<B$。

表 4.5.3   1 位数值比较器的真值表

输 入		输 出		
A	B	$L_{A>B}$	$L_{A=B}$	$L_{A<B}$
0	0	0	1	0

输　　　入		输　　　　出		
A	B	$L_{A>B}$	$L_{A=B}$	$L_{A<B}$
0	1	0	0	1
1	0	1	0	0
1	1	0	1	0

根据真值表可以写出输出逻辑表达式

$$L_{A>B} = A \cdot \overline{B}$$

$$L_{A<B} = \overline{A} \cdot B$$

$$L_{A=B} = A \cdot B + \overline{A} \cdot \overline{B} = \overline{\overline{A} \cdot B + A \cdot \overline{B}} = \overline{L_{A>B} + L_{A<B}}$$

根据输出逻辑表达式可画出如图 4.5.7 所示的逻辑图。

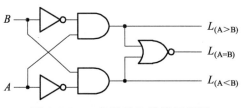

图 4.5.7　一位数值比较器逻辑图

4 位集成数值比较器 74LS85 的逻辑符号如图 4.4.8 所示，其中 $A_3A_2A_1A_0$、$B_3B_2B_1B_0$ 为两个 4 位二进制数输入端，$L_{A>B}$、$L_{A=B}$、$L_{A<B}$ 为比较结果输出端，$I_{A>B}$、$I_{A=B}$、$I_{A<B}$ 为级联输入端，便于多片级联实现多位数据比较。表 4.5.4 为 74LS85 的真值表。从真值表可以看出，该比较器是高位优先的：当高位已经比较出大小时，就给出比较结果；只有当四位都相等时，才考虑级联信号。

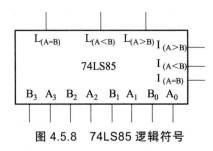

图 4.5.8　74LS85 逻辑符号

表 4.5.4　74LS85 的真值表

输　　　　　　　入							输　　　出		
$A_3\ \ B_3$	$A_2\ \ B_2$	$A_1\ \ B_1$	$A_0\ \ B_0$	$I_{(A>B)}$	$I_{(A<B)}$	$I_{(A=B)}$	$L_{(A>B)}$	$L_{(A<B)}$	$L_{(A=B)}$
>	×	×	×	×	×	×	1	0	0
<	×	×	×	×	×	×	0	1	0

续表

输　入							输　出		
$A_3\ B_3$	$A_2\ B_2$	$A_1\ B_1$	$A_0\ B_0$	$I_{(A>B)}$	$I_{(A<B)}$	$I_{(A=B)}$	$L_{(A>B)}$	$L_{(A<B)}$	$L_{(A=B)}$
=	>	×	×	×	×	×	1	0	0
=	<	×	×	×	×	×	0	1	0
=	=	>	×	×	×	×	1	0	0
=	=	<	×	×	×	×	0	1	0
=	=	=	>	×	×	×	1	0	0
=	=	=	<	×	×	×	0	1	0
=	=	=	=	1	0	0	1	0	0
=	=	=	=	0	1	0	0	1	0
=	=	=	=	0	0	1	0	0	1

例 4.5.2　试用两片数值比较器 74LS85 组成 8 位数值比较器。

解：根据多位数比较的规则，在高位相等时，取决于低位的比较结果。同时由表 4.5.4 可知，在 74LS85 中，只有两个数的 4 位都相等时，输出才由 $I_{A>B}$、$I_{A=B}$、$I_{A<B}$ 的输入信号决定。因此，在将两个数的高 4 位 $A_7A_6A_5A_4$、$B_7B_6B_5B_4$ 接到第（1）片芯片上，而低 4 位 $A_3A_2A_1A_0$、$B_3B_2B_1B_0$ 接到第（0）片芯片上，然后把第（0）片的输出端 $L_{A>B}$、$L_{A=B}$、$L_{A<B}$ 分别接到第（1）片的级联输入端 $I_{A>B}$、$I_{A=B}$、$I_{A<B}$，第（0）片的级联输入端 $I_{A>B}$、$I_{A=B}$、$I_{A<B}$ 分别接 0、1、0，第（1）片的输出 $L_{A>B}$、$L_{A=B}$、$L_{A<B}$ 作为 8 位数值比较器的输出，其接线图如图 4.5.9 所示。

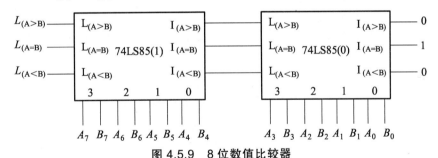

图 4.5.9　8 位数值比较器

目前生产的数值比较器产品中，也有采用其他电路结构形式的。因为电路结构不同，级联输入端的用法也不完全一样，使用时应注意加以区别。

4.5.3　编码器

1. 编码器的定义和分类

1）编码器的定义

用一个二进制代码表示特定含义的信息称为编码。例如：在 8421 BCD 码中，用 1000 表示数字 8。具有编码功能的逻辑电路称为编码器。若编码器输入端的数目为 N，输出端的数目为 n，则 $N \leqslant 2^n$。

2）编码器的分类

编码器按照输入、输出信号的不同特点和要求，有不同的分类方式，常见的有：按对输入信号有无限制分为普通编码器和优先编码器；按识别输入信号的方式分为输入低电平有效编码器和输入高电平有效编码器；按输出编码方式分为原码输出编码器和反码输出编码器；按输入、输出端数目分为 4 线—2 线编码器、8 线—3 线编码器、16 线—4 线编码器、10—4 线编码器（8421 BCD 编码器）等。

2. 编码器的功能

1）普通编码器

普通编码器对输入信号有严格的限制，这种限制为任何时候只允许一个输入信号为有效电平。输入高电平有效的编码器仅识别输入信号中的高电平，对其进行编码并输出这组代码；输入低电平有效的编码器则相反。

如图 4.5.10 所示是拨码盘式 8421 BCD 码编码器的逻辑图。图中 10 个拨码开关分别代表 0~9，任何时候只允许一个开关处于闭合状态。$DCBA$ 为编码输出端，当某个开关处于闭合状态时，在 $DCBA$ 上可得到相应的 8421 BCD 码。如开关 7 闭合时，输出 $DCBA$ 为 0111。该编码器的真值表如表 4.5.5 所示。

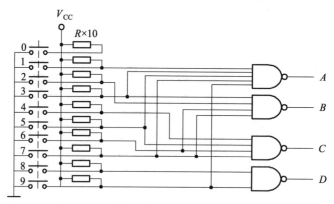

图 4.5.10　拨码盘式 8421 BCD 码编码器

表 4.5.5　拨码盘式 8421 BCD 码编码器的真值表

输　入										输　出			
9	8	7	6	5	4	3	2	1	0	D	C	B	A
1	1	1	1	1	1	1	1	1	0	0	0	0	0
1	1	1	1	1	1	1	1	0	1	0	0	0	1
1	1	1	1	1	1	1	0	1	1	0	0	1	0
1	1	1	1	1	1	0	1	1	1	0	0	1	1
1	1	1	1	1	0	1	1	1	1	0	1	0	0
1	1	1	1	0	1	1	1	1	1	0	1	0	1
1	1	1	0	1	1	1	1	1	1	0	1	1	0
1	1	0	1	1	1	1	1	1	1	0	1	1	1
1	0	1	1	1	1	1	1	1	1	1	0	0	0
0	1	1	1	1	1	1	1	1	1	1	0	0	1

2）优先编码器

优先编码器允许多个输入端同时为有效信号，但电路只对其中优先级别最高的一个进行编码，产生相应的输出代码。8 线—3 线优先编码器 CD4532 的逻辑符号如图 4.5.11 所示。其中 $I_0 \sim I_7$ 为 8 个信号输入端，$Y_0 \sim Y_2$ 为 3 位二进制码输出端，EI 为输入使能端，EO 为输出使能端，GS 为优先编码工作状态标志输出端。表 4.5.6 为 CD4532 的功能表。从功能表可知，当 $EI = 0$ 时，禁止编码器工作，此时不论 8 个输入端为何种状态，3 个输出端 $Y_2Y_1Y_0$ 均为 0，EO 和 GS 也输出 0；当 $EI = 1$ 时，编码器工作，输入和输出均以高电平作为有效电平，而且优先级别由高到低的次序依次为 $I_7, I_6, \cdots, I_0$。当 $EI = 1$ 且 8 个输入端都为 0 时，EO 输出为 1，否则 EO 为 0。当 $EI = 1$ 且 8 个输入端至少有一个输入端有 1 时，GS 输出为 1，否则 GS 为 0。

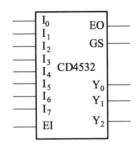

图 4.5.11　优先编码器 CD4532 的逻辑符号

表 4.5.6　CD4532 的功能表

输　　入									输　　出				
EI	I_7	I_6	I_5	I_4	I_3	I_2	I_1	I_0	Y_2	Y_1	Y_0	GS	EO
0	×	×	×	×	×	×	×	×	0	0	0	0	0
1	0	0	0	0	0	0	0	0	0	0	0	0	1
1	1	×	×	×	×	×	×	×	1	1	1	1	0
1	0	1	×	×	×	×	×	×	1	1	0	1	0
1	0	0	1	×	×	×	×	×	1	0	1	1	0
1	0	0	0	1	×	×	×	×	1	0	0	1	0
1	0	0	0	0	1	×	×	×	0	1	1	1	0
1	0	0	0	0	0	1	×	×	0	1	0	1	0
1	0	0	0	0	0	0	1	×	0	0	1	1	0
1	0	0	0	0	0	0	0	1	0	0	0	1	0

例 4.5.3 试用两片 8 线—3 线优先编码器 CD4532 组成 16 线—4 线优先编码器，将 $A_0 \sim A_{15}$ 16 个高电平输入信号编为 0000 ~ 1111 的 16 个 4 位二进制代码。其中 A_{15} 的优先权最高，A_0 的优先权最低。

解： 由于每片 CD4532 有 8 个输入信号，所以需要将 16 个输入信号分别接到两片 CD4532 上。现将 8 个优先权高的输入信号 $A_{15} \sim A_8$ 接到第（Ⅱ）片的 $I_7 \sim I_0$ 输入端，而将 8 个优先权低的输入信号 $A_7 \sim A_0$ 接到第（Ⅰ）片的 $I_7 \sim I_0$ 输入端。

按照优先顺序的要求，只有 $A_{15} \sim A_8$ 均无输入信号时，才允许对 $A_7 \sim A_0$ 的输入信号编码。因此，把第（Ⅱ）片的输出使能信号 EO_2 作为第（Ⅰ）片的输入使能信号 EI_1 即可。

此外，当第（Ⅱ）片有编码信号输入时它的 $GS_2 = 1$，无编码信号输入时 $GS_2 = 0$，正好可以用它作为输出编码的第 4 位，以区分 8 个高优先权输入信号和 8 个低优先权输入信号的编码。编码输出的低 3 位应为两片输出 Y_2、Y_1、Y_0 的逻辑或。

依照上面的分析，便得到了如图 4.5.12 所示的逻辑图。

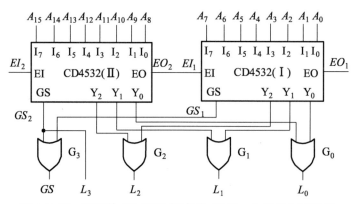

图 4.5.12 用两片 CD4532 接成的 16 线—4 线优先编码器

由图 4.5.12 可见，当 $A_{15} \sim A_8$ 中有输入端为高电平时，例如 $A_{11} = 1$ 时，则片（Ⅱ）的 $EO = 0$，$GS = 1$，$Y_2Y_1Y_0 = 011$。同时片（Ⅰ）的 $EI = 0$，片（Ⅰ）禁止编码状态，使它的输出 $Y_2Y_1Y_0 = 000$。于是在输出端得到 $L_3L_2L_1L_0 = 1\ 0\ 1\ 1$。

当 $A_{15} \sim A_8$ 全部为低电平（没有编码输入信号）时，片（Ⅱ）的 $GS = 0$，$EO = 1$，$Y_2Y_1Y_0 = 000$；片（Ⅰ）的 $EI = 1$，处于编码工作状态，对 $A_7 \sim A_0$ 输入的高电平信号中优先权最高的信号进行编码。例如 $A_5 = 1$，则片（Ⅰ）的 $Y_2Y_1Y_0 = 101$。于是在输出得到了 $L_3L_2L_1L_0 = 0\ 1\ 0\ 1$。

4.5.4 译码器

编码是给每个代码赋予一个特定的信息。译码为编码的逆过程，它将每一个代码的信息"翻译"出来，即将每一个代码译为一个特定的输出信号。能完成这种功能的逻辑电路称为译码器。译码器的种类很多，常见的有二进制译码器、二—十进制译码器和显示译码器。

1. 二进制译码器

二进制译码器框图如图 4.5.13 所示，$A_0 \sim A_{n-1}$ 为 n 个输入端，$Y_0 \sim Y_{2^n-1}$ 为 2^n 个输出端，EI 为输入使能端。在输入使能端为有效电平时，对应每一组输入代码，只有其中一个输出端为有效电平, 其余输出端均为无效电平。输出信号可以是高电平有效, 也可以是低电平有效。
常见的二进制译码器有 2 线—4 线译码器、3 线—8 线译码器和 4 线—16 线译码器等。

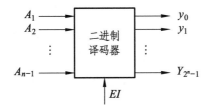

图 4.5.13 二进制译码器框图

图 4.5.14 为 3 线—8 线译码器 74HC138 的逻辑符号。图中, A_2、A_1、A_0 为 3 位二进制代码输入端, $\overline{Y}_0 \sim \overline{Y}_7$ 为 8 个输出端, E_3、$\overline{E}_2$、$\overline{E}_1$ 为输入使能端。74HC138 的功能表如表 4.5.7 所示。由功能表可知, 当输入使能端无效时, 即 $E_3 = 0$ 或 $\overline{E}_2 = 1$ 或 $\overline{E}_1 = 1$ 时, 禁止译码器工作, 无论 A_2、A_1、A_0 为何种状态, 输出全为 1; 当输入使能端有效时, 即 $E_3 = 1$ 且 $\overline{E}_2 = \overline{E}_1 = 0$ 时, 译码器工作, A_2、A_1、A_0 的任意一种状态, 只有对应的输出端为 0, 其余各输出端均为 1。例如, $A_2 A_1 A_0 = 100$ 时, $\overline{Y}_4$ 为 0, 其余输出端均为 1。

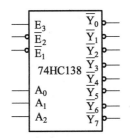

图 4.5.14 3 线—8 线译码器 74HC138 的逻辑符号

表 4.5.7 3 线—8 线译码器 74HC138 的功能表

输 入						输 出							
E_3	$\overline{E}_2$	$\overline{E}_1$	A_2	A_1	A_0	$\overline{Y}_0$	$\overline{Y}_1$	$\overline{Y}_2$	$\overline{Y}_3$	$\overline{Y}_4$	$\overline{Y}_5$	$\overline{Y}_6$	$\overline{Y}_7$
0	×	×	×	×	×	1	1	1	1	1	1	1	1
×	1	×	×	×	×	1	1	1	1	1	1	1	1
×	×	1	×	×	×	1	1	1	1	1	1	1	1
1	0	0	0	0	0	0	1	1	1	1	1	1	1
1	0	0	0	0	1	1	0	1	1	1	1	1	1
1	0	0	0	1	0	1	1	0	1	1	1	1	1
1	0	0	0	1	1	1	1	1	0	1	1	1	1
1	0	0	1	0	0	1	1	1	1	0	1	1	1
1	0	0	1	0	1	1	1	1	1	1	0	1	1
1	0	0	1	1	0	1	1	1	1	1	1	0	1
1	0	0	1	1	1	1	1	1	1	1	1	1	0

例 4.5.6 试用两片 3 线—8 线译码器 74HC138 组成 4 线—16 线译码器，输入为 4 位二进制代码 $B_3B_2B_1B_0$，对应输出 $\overline{L}_0 \sim \overline{L}_{15}$ 为低电平有效。

解： 由于 74HC138 有 3 个输入端 A_2、A_1、A_0，如果要对 4 位二进制代码译码，只能利用一个输入使能端（E_3、$\overline{E}_2$、$\overline{E}_1$ 当中的一个）作为第 4 个输入端。

令第（1）片 74HC138 的 8 个输出端为 $\overline{L}_0 \sim \overline{L}_7$，第（2）片 74HC138 的 8 个输出端为 $\overline{L}_8 \sim \overline{L}_{15}$，两片的 A_2 接 B_2，A_1 接 B_1，A_0 接 B_0，B_3 接第（1）片的 $\overline{E}_1(E_3=1$、$\overline{E}_2=0)$ 和第（2）片的 $E_3(\overline{E}_1=\overline{E}_2=0)$。这样就得到 4 线—16 线译码器，逻辑图如图 4.5.15 所示。

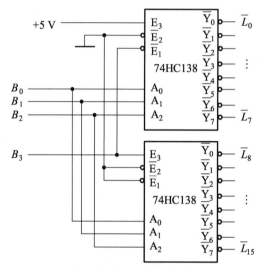

图 4.5.15 用两片 74HC138 接成的 4 线—16 线译码器

当 $B_3=0$ 时，第（1）片 74HC138 工作，而第（2）片 74HC138 禁止，则将 $B_3B_2B_1B_0$ 的 0000 ~ 0111 这 8 个代码译成 $\overline{L}_0 \sim \overline{L}_7$ 8 个低电平信号。而当 $B_3=1$ 时，第（2）片 74HC138 工作，第（1）片 74HC138 禁止，则将 $B_3B_2B_1B_0$ 的 1000 ~ 1111 这 8 个代码译成 $\overline{L}_8 \sim \overline{L}_{15}$ 8 个低电平信号。

例 4.5.7 用 3 线—8 线译码器 74HC138 和必要的逻辑门实现逻辑函数 $L = A \cdot \overline{B} + B \cdot \overline{C}$。

解： 由表 4.5.7 可知，当输入使能端接有效电平时，译码器的 8 个输出端与输入 A_2、A_1、A_0 的逻辑表达式为

$$\overline{Y}_0 = \overline{\overline{A}_2 \cdot \overline{A}_1 \cdot \overline{A}_0} = \overline{m}_0 \qquad \overline{Y}_1 = \overline{\overline{A}_2 \cdot \overline{A}_1 \cdot A_0} = \overline{m}_1$$

$$\overline{Y}_2 = \overline{\overline{A}_2 \cdot A_1 \cdot \overline{A}_0} = \overline{m}_2 \qquad \overline{Y}_3 = \overline{\overline{A}_2 \cdot A_1 \cdot A} = \overline{m}_3$$

$$\overline{Y}_4 = \overline{A_2 \cdot \overline{A}_1 \cdot \overline{A}_0} = \overline{m}_4 \qquad \overline{Y}_5 = \overline{A_2 \cdot \overline{A}_1 \cdot A_0} = \overline{m}_5$$

$$\overline{Y}_6 = \overline{A_2 \cdot A_1 \cdot \overline{A}_0} = \overline{m}_6 \qquad \overline{Y}_7 = \overline{A_2 \cdot A_1 \cdot A_0} = \overline{m}_7$$

即译码器的输出包含了输入 A_2、A_1、A_0 组成的 8 个最小项，基于这一点，用该器件能够方便地实现三变量逻辑函数。首先，将逻辑函数式变换为最小项之和的形式：

$$L(A,B,C) = A \cdot \overline{B} \cdot (C + \overline{C}) + (A + \overline{A}) \cdot B \cdot \overline{C}$$
$$= A \cdot \overline{B} \cdot \overline{C} + A \cdot \overline{B} \cdot C + A \cdot B \cdot \overline{C} + \overline{A} \cdot B \cdot \overline{C}$$
$$= m_2 + m_4 + m_5 + m_6$$
$$= \overline{\overline{m_2 + m_4 + m_5 + m_6}}$$
$$= \overline{\overline{m_2} \cdot \overline{m_4} \cdot \overline{m_5} \cdot \overline{m_6}}$$
$$= \overline{\overline{Y_2} \cdot \overline{Y_4} \cdot \overline{Y_5} \cdot \overline{Y_6}}$$

将输入变量 A、B、C 分别接 A_2、A_1 和 A_0，并将输入使能端接有效电平，即 E_3 接高电平，$\overline{E_2}$ 和 $\overline{E_1}$ 接低电平，再把译码器的输出端 $\overline{Y_2}$、$\overline{Y_4}$、$\overline{Y_5}$、$\overline{Y_6}$ 接到与非门的输入端，与非门的输出端即可得到该逻辑函数，如图 4.5.16 所示。

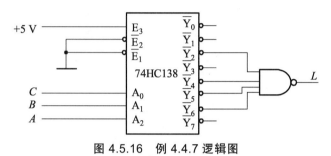

图 4.5.16 例 4.4.7 逻辑图

2. 二—十进制译码器

二—十进制译码器 74LS42 逻辑符号如图 4.5.17 所示，A_3、A_2、A_1、A_0 为 4 个输入端，$\overline{Y_0} \sim \overline{Y_9}$ 为 10 个输出端。74LS42 的功能表如表 4.5.8 所示，由真值表可知，当输入一个 8421 BCD 码时，对应的一个输出端为 0，其余为 1。例如，当输入 $A_3A_2A_1A_0$ 为 0110 时，$\overline{Y_6}$ 为 0，其余为 1；当输入超过 8421 BCD 码的范围时（1010～1111），输出均为高电平，即没有有效译码输出。

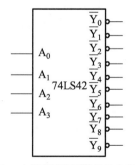

图 4.5.17 二—十进制译码器 74LS42 的逻辑符号

表 4.5.8 二—十进制译码器 74LS42 的功能表

输		入		输				出					
A_3	A_2	A_1	A_0	$\overline{Y_0}$	$\overline{Y_1}$	$\overline{Y_2}$	$\overline{Y_3}$	$\overline{Y_4}$	$\overline{Y_5}$	$\overline{Y_6}$	$\overline{Y_7}$	$\overline{Y_8}$	$\overline{Y_9}$
0	0	0	0	0	1	1	1	1	1	1	1	1	1
0	0	0	1	1	0	1	1	1	1	1	1	1	1
0	0	1	0	1	1	0	1	1	1	1	1	1	1

续表

输入				输出									
A_3	A_2	A_1	A_0	$\overline{Y_0}$	$\overline{Y_1}$	$\overline{Y_2}$	$\overline{Y_3}$	$\overline{Y_4}$	$\overline{Y_5}$	$\overline{Y_6}$	$\overline{Y_7}$	$\overline{Y_8}$	$\overline{Y_9}$
0	0	1	1	1	1	1	0	1	1	1	1	1	1
0	1	0	0	1	1	1	1	0	1	1	1	1	1
0	1	0	1	1	1	1	1	1	0	1	1	1	1
0	1	1	0	1	1	1	1	1	1	0	1	1	1
0	1	1	1	0	1	1	1	1	1	1	0	1	1
1	0	0	0	1	0	1	1	1	1	1	1	0	1
1	0	0	1	1	1	1	1	1	1	1	1	1	0
1	0	1	0	1	1	1	1	1	1	1	1	1	1
1	0	1	1	1	1	1	1	1	1	1	1	1	1
1	1	0	0	1	1	1	1	1	1	1	1	1	1
1	1	0	1	1	1	1	1	1	1	1	1	1	1
1	1	1	0	1	1	1	1	1	1	1	1	1	1
1	1	1	1	1	1	1	1	1	1	1	1	1	1

3. 显示译码器

在各种数字系统中，需要用数字显示电路将数字量直观地显示出来。通常数字显示电路由显示译码器和显示器组成。

1）显示器

显示器就是用来显示数字、文字或符号的器件，目前广泛使用七段字符显示器（或称作七段数码管）。这种字符显示器由七段可发光的线段拼合而成，如图 4.5.18（a）所示。利用不同发光段的组合，显示数字 0~9。例如，七段全亮时，显示数字"8"；b、c 段亮时，显示数字"1"。

常用的七段字符显示器有发光二极管和液晶显示两种，这里介绍前者。发光二极管构成的七段字符显示器有两种，共阳极电路和共阴极电路，如图 4.5.18（b）和（c）所示。共阳极电路中，把七个发光二极管的阳极连在一起接高电平，需要某段线段发光，就将相应二极管的阴极接低电平。共阴极电路中，把七个发光二极管的阴极连在一起接低电平，需要某段线段发光，就将相应二极管的阳极接高电平。

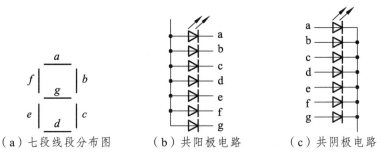

（a）七段线段分布图　　　（b）共阳极电路　　　（c）共阴极电路

图 4.5.18　七段式字符显示器

2）显示译码器

为了将 BCD 码所对应的十进制数在数码管上显示出来，必须将 BCD 码经显示译码器译出 7 个高、低电平，然后点亮数码管对应的线段。例如，当显示译码器的输入为 0001 时，其输出应使 b、c 段亮，则数码管显示 0001 对应的十进制数 1。常用的七段显示译码器有两类：一类译码器输出高电平有效信号，用来驱动共阴极数码管；另一类译码器输出低电平有效信号，用来驱动共阳极数码管。下面介绍输出高电平有效的七段显示译码器 74LS48。七段显示译码器 74LS48 的逻辑符号如图 4.5.19 所示。从图 4.5.19 中可以看出，除了 4 个输入端 A_3、A_2、A_1、A_0 和 7 个输出端 a、b、c、d、e、f、g 外，还有三个特殊端：灯测试输入端 $\overline{LT}$、灭零输入端 $\overline{RBI}$ 和灭灯输入/灭零输出端 $\overline{BI}/\overline{RBO}$。表 4.5.9 所示为 74LS48 的功能表，从功能表可以看出这三端的作用。

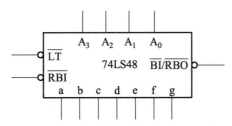

图 4.5.19　七段显示译码器 74LS48

表 4.5.9　七段显示译码器 74LS48 功能表

十进制或功能	输入						$\overline{BI}/\overline{RBO}$	输出							字形
	$\overline{LT}$	$\overline{RBI}$	A_3	A_2	A_1	A_0		a	b	c	d	e	f	g	
0	1	1	0	0	0	0	1	1	1	1	1	1	1	0	0
1	1	1	0	0	0	1	1	0	1	1	0	0	0	0	1
2	1	1	0	0	1	0	1	1	1	0	1	1	0	1	2
3	1	1	0	0	1	1	1	1	1	1	1	0	0	1	3
4	1	1	0	1	0	0	1	0	1	1	0	0	1	1	4
5	1	1	0	1	0	1	1	1	0	1	1	0	1	1	5
6	1	1	0	1	1	0	1	0	0	1	1	1	1	1	6
7	1	1	0	1	1	1	1	1	1	1	0	0	0	0	7
8	1	1	1	0	0	0	1	1	1	1	1	1	1	1	8
9	1	1	1	0	0	1	1	1	1	1	0	0	1	1	9
10	1	1	1	0	1	0	1	0	0	0	1	1	0	1	特殊符号
11	1	1	1	0	1	1	1	0	0	1	1	0	0	1	
12	1	1	1	1	0	0	1	0	1	0	0	0	1	1	
13	1	1	1	1	0	1	1	1	0	0	1	0	1	1	
14	1	1	1	1	1	0	1	0	0	0	1	1	1	1	
15	1	1	1	1	1	1	1	0	0	0	0	0	0	0	不显示
灭灯	×	×	×	×	×	×	0	0	0	0	0	0	0	0	不显示
灭零	1	0	0	0	0	0	0	0	0	0	0	0	0	0	不显示
灯测试	0	×	×	×	×	×	1	1	1	1	1	1	1	1	8

- 当 $\overline{LT} = 0$ 时，不管其他输入端为何值，译码器输出全为 1，数码管七段全亮。由此可以检测显示器七个发光二极管的好坏。
- 当输入 $\overline{RBI} = 0$ 且 $A_3A_2A_1A_0 = 0000$ 时，译码器输出全为 0，使显示器不显示。
- $\overline{BI}/\overline{RBO}$ 可以作输入端，也可以作输出端。作输入使用时：当 $\overline{BI} = 0$ 时，不管其他输入端为何值，译码器输出全为 0，使显示器不显示。作输出使用时：当输入 $\overline{RBI} = 0$ 且 $A_3A_2A_1A_0 = 0000$ 时，$\overline{RBO}$ 输出为 0。将 $\overline{RBO}$ 与 $\overline{RBI}$ 配合使用，即可实现多位数码显示系统的灭 0 控制。

4.5.5　数据选择器

数据选择器是一种多输入、单输出的组合逻辑电路，其逻辑功能是从多路输入数据中选择一路数据送到输出端。输出对输入的选择是受选择控制变量控制的，通常，对于一个具有 N（$N = 2^n$）路输入和一路输出的数据选择器，应有 n 个选择控制变量，控制变量的每一种取值组合对应选中一路输入送至输出。常用的数据选择器有 2 选 1 数据选择器、4 选 1 数据选择器、8 选 1 数据选择等。

8 选 1 数据选择器 74LS151 的逻辑符号如图 4.5.20 所示。其中 $D_0 \sim D_7$ 为 8 个数据输入端，A_0、A_1、A_2 为 3 个选择控制输入端，$\overline{S}$ 为使能输入端，Y 和 $\overline{Y}$ 为两个互补的输出端。

图 4.5.20　8 选 1 数据选择器 74LS151

表 4.5.10　8 选 1 数据选择器的真值表

输　　入					输　　出	
D	A_2	A_1	A_0	$\overline{S}$	Y	$\overline{Y}$
×	×	×	×	1	0	1
D_0	0	0	0	0	D_0	$\overline{D}_0$
D_1	0	0	1	0	D_1	$\overline{D}_1$
D_2	0	1	0	0	D_2	$\overline{D}_2$
D_3	0	1	1	0	D_3	$\overline{D}_3$
D_4	1	0	0	0	D_4	$\overline{D}_4$
D_5	1	0	1	0	D_5	$\overline{D}_5$
D_6	1	1	0	0	D_6	$\overline{D}_6$
D_7	1	1	1	0	D_7	$\overline{D}_7$

74LS151 的真值表如表 4.5.10 所示。由真值表可知，在使能输入 $\overline{S}$ 为 1 时，选择器不工作，输出 Y 为 0；在使能输入 $\overline{S}$ 为 0 时，选择器工作。工作情况如下：

当 $A_2A_1A_0 = 000$ 时，$Y = D_0$；当 $A_2A_1A_0 = 001$ 时，$Y = D_1$；……；当 $A_2A_1A_0 = 110$ 时，$Y = D_6$；当 $A_2A_1A_0 = 111$ 时，$Y = D_7$。其输出表达式为

$$Y = D_0 \cdot \overline{A_2} \cdot \overline{A_1} \cdot \overline{A_0} + D_1 \cdot \overline{A_2} \cdot \overline{A_1} \cdot A_0 + \cdots\cdots + D_6 \cdot A_2 \cdot A_1 \cdot \overline{A_0} + D_7 \cdot A_2 \cdot A_1 \cdot A_0$$

$$= \sum_{i=0}^{7} m_i D_i$$

式中，m_i 为选择控制变量 A_2、A_1、A_0 组成的最小项；D_i 为 8 路输入中的第 i 路输入数据。

类似地，可以写出 2^n 路数据选择器的输出表达式

$$Y = \sum_{i=0}^{2^n-1} m_i D_i$$

式中，m_i 为选择控制变量 A_{n-1}、A_{n-2}、$\cdots$、A_1、A_0 组成的最小项，D_i 为 2^n 路输入中的第 i 路输入数据。

例 4.5.8　试用两片 8 选 1 数据选择器 74LS151 组成 16 选 1 数据选择器。其中 16 个数据输入端为 $D_0 \sim D_{15}$、4 个选择控制输入端为 A_3、A_2、A_1、A_0，输出端为 Y 和 $\overline{Y}$。

解：利用使能输入端 $\overline{S}$ 很容易扩展数据选择器的功能。用两片 74LS151 连接起来构成 16 选 1 数据选择器的逻辑图如图 4.5.21 所示。图中两个芯片的使能输入端信号相反，片 1 的使能输入端 $\overline{S}$ 接 A_3，片 2 的使能输入端 $\overline{S}$ 接 $\overline{A_3}$。当选通控制输入端 $A_3A_2A_1A_0$ 为 $0 \times \times \times$ 时，片 1 工作，对应数据 $D_0 \sim D_7$ 被选送出去；当选通控制输入端 $A_3A_2A_1A_0$ 为 $1 \times \times \times$ 时，片 2 工作，对应数据 $D_8 \sim D_{15}$ 被选送出去。例如：当 $A_3A_2A_1A_0 = 0101$ 时，在使能输入端 $\overline{S}$ 的作用下，片 1 工作，对应选通控制输入端 $A_2A_1A_0 = 101$ 的 D_5 数据被送到或门输入端；片 2 由于使能输入端无效，输出信号为 0，因此或门的输出信号为 $Y = 0 + D_5 = D_5$，完成了 16 选 1 的任务。

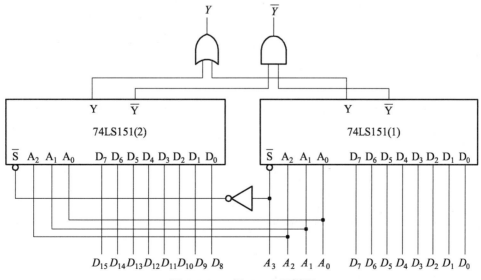

图 4.5.21　例 4.5.8 逻辑图

由数据选择器的工作原理可知，数据选择器输出函数的逻辑表达式是一个组合逻辑表达式。如 8 选 1 数据选择器的输出函数的逻辑表达式为

$$Y = D_0 \cdot \overline{A_2} \cdot \overline{A_1} \cdot \overline{A_0} + D_1 \cdot \overline{A_2} \cdot \overline{A_1} \cdot A_0 + \cdots\cdots + D_6 \cdot A_2 \cdot A_1 \cdot \overline{A_0} + D_7 \cdot A_2 \cdot A_1 \cdot A_0$$

$$= \sum_{i=0}^{7} m_i D_i$$

而任何一个组合逻辑函数都可用最小项之和来表示，所以可以用数据选择器来产生逻辑函数的全部最小项，再配合用适当的门电路，即可实现组合逻辑函数。下面举例说明如何利用数据选择器来实现组合逻辑函数。

例 4.5.9 用数据选择器实现逻辑函数 $L = \overline{A} \cdot \overline{B} \cdot C + \overline{A} \cdot B \cdot \overline{C} + A \cdot \overline{B} \cdot \overline{C} + A \cdot B \cdot C$ 。

解： 由于该函数有 3 个输入变量，所以可以采用 8 选 1 数据选择器和 4 选 1 数据选择器实现。

方案一：采用 8 选 1 数据选择器。

因为 8 选 1 数据选择器的输出函数表达式为

$$Y = D_0 \cdot \overline{A_2} \cdot \overline{A_1} \cdot \overline{A_0} + D_1 \cdot \overline{A_2} \cdot \overline{A_1} \cdot A_0 + D_2 \cdot \overline{A_2} \cdot A_1 \cdot \overline{A_0} + D_3 \cdot \overline{A_2} \cdot A_1 \cdot A_0 +$$
$$D_4 \cdot A_2 \cdot \overline{A_1} \cdot \overline{A_0} + D_5 \cdot A_2 \cdot \overline{A_1} \cdot A_0 + D_6 \cdot A_2 \cdot A_1 \cdot \overline{A_0} + D_7 \cdot A_2 \cdot A_1 \cdot A_0$$

给定函数 $L = \overline{A} \cdot \overline{B} \cdot C + \overline{A} \cdot B \cdot \overline{C} + A \cdot \overline{B} \cdot \overline{C} + A \cdot B \cdot C$

比较上述两个表达式可知，要使 $Y = L$ ，只需令 $A_2 = A$ ， $A_1 = B$ ， $A_0 = C$ 且 $D_1 = D_2 = D_4 = D_7 = 1$ ，而 $D_0 = D_3 = D_5 = D_6 = 0$ ，即可。所以，根据分析可作出用 8 路数据选择器实现给定函数的逻辑图，如图 4.5.22（a）所示。

方案一给出了用具有 n 个选择变量的数据选择器实现 n 变量函数的一般方法：首先将函数转换为最小项之和的形式，然后将函数的 n 个变量依次连接到数据选择器的 n 个选择控制输入端，最后将函数表达式中最小项对应的数据输入端接 1，剩下的数据端接 0。

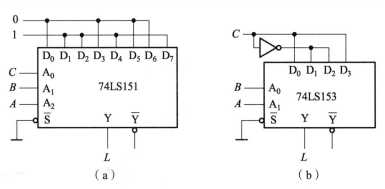

图 4.5.22   例 4.5.9 例题

方案二：采用 4 选 1 数据选择器。

因为 4 选 1 数据选择器的输出函数表达式为

$$Y = D_0 \cdot \overline{A_1} \cdot \overline{A_0} + D_1 \cdot \overline{A_1} \cdot A_0 + D_2 \cdot A_1 \cdot \overline{A_0} + D_3 \cdot A_1 \cdot A_0$$

给定函数 $L = \overline{A} \cdot \overline{B} \cdot C + \overline{A} \cdot B \cdot \overline{C} + A \cdot \overline{B} \cdot \overline{C} + A \cdot B \cdot C$

比较上述两个表达式可知，要使 $Y = L$，只须令 $A_1 = A$，$A_0 = B$，且 $D_0 = C$，$D_1 = \overline{C}$，$D_2 = \overline{C}$，$D_3 = C$，即可。由此，可作出用 4 选 1 实现给定函数的逻辑图，如图 4.5.22（b）所示。

方案二给出了用具有 $n-1$ 个选择变量的数据选择器实现 n 变量函数的一般方法：首先从函数的 n 个变量中任选 $n-1$ 个变量作为数据选择器的选择控制变量，然后根据所选定的选择控制变量将函数变换成

$$Y = \sum_{i=0}^{2^n-1} m_i D_i$$

的形式，以确定各数据输入 D_i。假定剩余变量为 X，则 D_i 的取值只可能是 0、1、X 或 $\overline{X}$ 四者之一。

本章小结

根据电路的结构和工作特点，将数字电路分为两大类，即组合逻辑电路和时序逻辑电路。

组合逻辑电路的特点是，其输出状态在任何时刻只取决于同一时刻的输入状态。组合逻辑电路在形式和功能上种类繁多，但其分析方法和设计方法具有共同特点。因此学习的重点是掌握一般的分析方法和设计方法。

分析组合逻辑电路的目的是确定已知电路的逻辑功能，其大致步骤是：写出各输出端的逻辑表达式→化简和变化逻辑表达式→列出真值表→确定功能。

设计组合逻辑电路的目的是根据给出的实际问题，设计出逻辑电路。设计步骤大致是：明确逻辑功能→列出真值表→写出逻辑表达式→逻辑化简和变换→画出逻辑图。

电路在信号电平变化的瞬间经常会产生竞争-冒险现象，在电路设计过程中要采取措施，避免产生竞争-冒险。

常用的组合逻辑电路模块包括编码器、译码器、数据选择器、数值比较器、加法器等。这些组合逻辑电路除了具有其基本功能外，通常还具有输入使能、输入扩展、输出扩展功能，使其功能更加灵活，便于构成较复杂的逻辑系统。

习　题

4.1　试分析图题 4.1 所示的电路的逻辑功能。

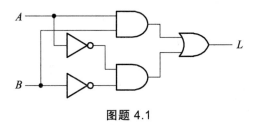

图题 4.1

4.2 试分析图题 4.2 所示的电路的逻辑功能。

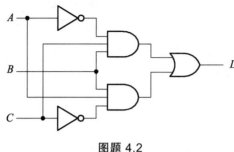

图题 4.2

4.3 试分析图题 4.3 所示的电路的逻辑功能。

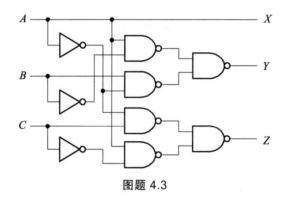

图题 4.3

4.4 某实验室有红、黄两个故障指示灯,用来表示 3 台设备的工作情况。当只有一台设备有故障时,黄灯亮;有两台设备有故障时,红灯亮;只有当 3 台设备都产生故障时,才会使红灯和黄灯都亮。设计一个控制灯亮的逻辑电路。

4.5 试用 2 输入与非门设计一个 3 输入的组合逻辑电路。当输入的二进制码小于 3 时,输出为 0;输入大于等于 3 时,输出为 1。

4.6 试设计一个 3 位的奇偶校验器,当 3 位数中有奇数个 1 时输出为 1,否则输出为 0。

4.7 试设计一个码转换电路,将 4 位格雷码转换为自然二进制码。

4.8 判断下列函数是否存在竞争—冒险,如果存在,应如何消除。

(1) $L = A \cdot B + \bar{A} \cdot C$

(2) $L = (A + \bar{B})(B + \bar{C})$

4.9 试用译码器 74HC138 和适当的门电路实现下列逻辑函数,画出连接图。

(1) $L = \bar{A} \cdot \bar{B} \cdot \bar{C} + \bar{A} \cdot \bar{B} \cdot C + A \cdot B \cdot \bar{C}$

(2) $L = \bar{A} \cdot B + \bar{A} \cdot \bar{C} + A \cdot B \cdot \bar{C}$

4.10 试用译码器 74HC138 和适当的门电路构成全加器电路和全减器电路。

4.11 试用 4 选 1 数据选择器实现下列逻辑函数,画出连接图。

(1) $L = \bar{A} \cdot B \cdot \bar{C} + A \cdot \bar{B} \cdot C + A \cdot B \cdot \bar{C}$

(2) $L = \bar{A} \cdot \bar{B} + A \cdot \bar{C} + \bar{A} \cdot B \cdot C$

(3) $L = \bar{A} \cdot C \cdot \bar{D} + A \cdot B \cdot \bar{C} + \bar{B} \cdot C \cdot D$

4.12　试用一片双 4 选 1 数据选择器 74HC153 扩展成 8 选 1 数据选择器。

4.13　某电子产品有 *A*、*B*、*C* 和 *D* 四项质量指标。规定 *D* 指标必须满足要求，其他三项指标中只要有任意两项指标满足要求，产品就合格。试用 8 选 1 数据选择器设计该产品的质量检查电路。

4.14　试用 8 选 1 数据选择器产生 11011010 的序列脉冲信号，并画出输入和输出波形，设地址端输入为自然二进制代码。

4.15　试分析图题 4.4 所示电路的逻辑功能。写出输出函数 *F* 的逻辑表达式。

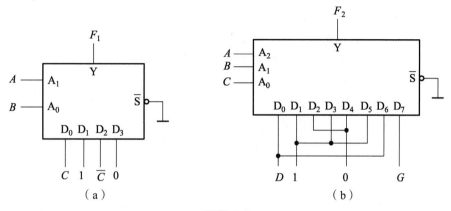

图题 4.4

第 5 章 锁存器和触发器

在大多数数字系统中，不仅需要对输入信号进行算术运算和逻辑运算，还经常需要将这些信号和运算结果保存起来。为此，需要使用具有记忆功能的存储元件。在数字电路中，具有记忆功能的基本逻辑单元为锁存器和触发器。

锁存器和触发器具有两种稳定的状态 0 和 1。在不同的输入情况下，锁存器和触发器可以被置成 0 状态和 1 状态；当输入信号消失后，所置成的状态能够保持不变。

锁存器是对脉冲电平敏感的存储电路。触发器是对脉冲边沿敏感的存储电路，即触发器是在时钟脉冲的上升沿或下降沿作用下更新状态。

根据逻辑功能的不同，触发器可以分为 SR 触发器、D 触发器、JK 触发器、T 触发器和 T′触发器。按照电路结构形式的不同，触发器又可分为主从触发器、维持阻塞触发器和利用传输延迟的边沿触发器等。

本章首先介绍基本 SR 锁存器和锁存器的工作原理，然后介绍主从触发器和维持阻塞触发器的工作原理，最后介绍不同逻辑功能触发器的特性表、特性方程和状态图以及不同触发器之间实现逻辑功能转换的方法。

5.1 基本 SR 锁存器

基本 SR 锁存器是构成锁存器和触发器的基本单元。

5.1.1 用或非门构成的基本 SR 锁存器

如图 5.1.1（a）所示是用两个或非门交叉连接起来构成的基本 SR 锁存器。R、S 是信号输入端，其中 R 称为置 0 输入端（复位输入端），S 为置 1 输入端（置位输入端）；Q、$\bar{Q}$ 为两个互补的输出端。当 $Q=1$、$\bar{Q}=0$ 时，锁存器的功能为置 1；当 $Q=0$、$\bar{Q}=1$ 时，锁存器的功能为置 0。图 5.1.1（b）为或非门构成的基本 SR 锁存器的逻辑符号。下面根据 R 和 S 的 4 种输入状态组合来分析它的工作原理。

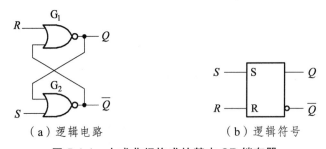

（a）逻辑电路　　　　　　　　　（b）逻辑符号

图 5.1.1 由或非门构成的基本 SR 锁存器

1. $R = S = 0$

由逻辑电路可知：$Q = \overline{R + \overline{Q}} = Q$，$\overline{Q} = \overline{S + Q} = \overline{Q}$。所以 R、S 信号对输出 Q、$\overline{Q}$ 不起作用，故锁存器的状态保持不变。

2. $R = 1, \ S = 0$

因为 R 为 1，所以 G_1 门输出 Q 为 0，该信号再反馈到 G_2 门输入端，所以 G_2 门输出 $\overline{Q}$ 为 1。故锁存器的状态为置 0。

3. $R = 0, \ S = 1$

因为 S 为 1，所以 G_2 门输出 $\overline{Q}$ 为 0，该信号再反馈到 G_1 门输入端，所以 G_1 门输出 Q 为 1。故锁存器的状态为置 1。

4. $R = S = 1$

由逻辑电路可知：$Q = \overline{R + \overline{Q}} = 0$，$\overline{Q} = \overline{S + Q} = 0$，锁存器既非 0 态，也非 1 态。若 R 和 S 同时回到 0，则无法确定触发器是置 0 还是置 1。因此为保证锁存器始终工作在定义的状态，不允许 $R = S = 1$。

由上述分析可得到基本 SR 锁存器的功能表，如表 5.1.1 所示。

表 5.1.1　用或非门构成的基本 SR 锁存器的功能表

S	R	Q	$\overline{Q}$	功能
0	0	不变	不变	保持
0	1	0	1	置 0
1	0	1	0	置 1
1	1	0	0	非定义状态

例 5.1.1　设图 5.1.1（a）所示的基本 SR 锁存器的初始状态为 0，R 和 S 端输入波形如图 5.1.2 所示，试画出输出 Q 和 $\overline{Q}$ 的波形。

解： 根据表 5.1.1 可以画出 Q 和 $\overline{Q}$ 的波形如图 5.1.2 所示。

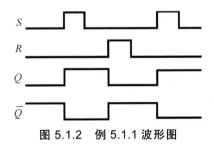

图 5.1.2　例 5.1.1 波形图

5.1.2　用与非门构成的基本 SR 锁存器

基本 SR 锁存器也可以用与非门构成，如图 5.1.3（a）所示。这个电路是以低电平作为输入信号，所以用 $\overline{S}$ 和 $\overline{R}$ 分别表示置 1 输入端和置 0 输入端。在图 5.1.3（b）的逻辑符号上，用输入端的小圆圈表示低电平有效。表 5.1.2 是它的功能表。

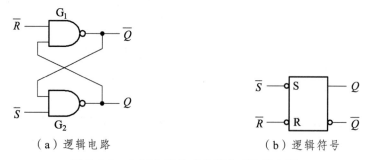

（a）逻辑电路　　　　　　　　　（b）逻辑符号

图 5.1.3　由与非门构成的基本 SR 锁存器

表 5.1.2　由与非门构成的基本 SR 锁存器的功能表

$\overline{S}$	$\overline{R}$	Q	$\overline{Q}$	功能
1	1	不变	不变	保持
1	0	0	1	置 0
0	1	1	0	置 1
0	0	1	1	非定义状态

由于基本 SR 锁存器的输入信号在其存在期间直接控制着 Q、$\overline{Q}$ 端的状态，因此被叫做直接置位、复位锁存器，这不仅使电路的抗干扰能力下降，而且也不便于多个锁存器同步工作，于是工作受脉冲电平控制的锁存器便应运而生了。

5.2　锁存器

5.2.1　门控 SR 锁存器

图 5.2.1（a）是门控 SR 锁存器的逻辑电路图。该电路由 G_1、G_2 门组成的基本 SR 锁存器和 G_3、G_4 门组成的输入控制电路两部分组成。E 为使能输入端。图 5.2.1（b）是门控 SR 锁存器的逻辑符号。

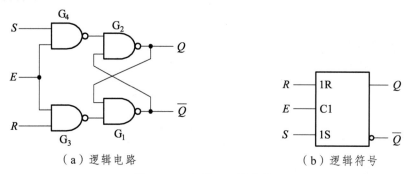

（a）逻辑电路　　　　　　　　　（b）逻辑符号

图 5.2.1　门控 SR 锁存器

从图 5.2.1（a）所示电路可以看出，当 $E = 0$ 时，控制门 G_3、G_4 被封锁，输入信号 R、S 不会影响输出端的状态，故锁存器保持原来状态不变。当 $E = 1$ 时，R、S 信号通过 G_3、G_4 门加到基本 SR 锁存器上，使 Q 和 $\overline{Q}$ 的状态跟随输入状态的变化而变化。它的功能表如表 5.2.1 所示。

表 5.2.1 门控 SR 锁存器的功能表

E	S	R	Q	$\overline{Q}$	功能
0	×	×	不变	不变	保持
1	0	0	不变	不变	保持
1	0	1	0	1	置 0
1	1	0	1	0	置 1
1	1	1	1	1	非定义状态

例 5.2.1 设图 5.2.1（a）所示的门控 SR 锁存器的初始状态为 0，其中 R 和 S 端输入波形如图 5.2.2 所示，试画出输出 Q 和 $\overline{Q}$ 的波形。

解： 根据表 5.2.1 可以画出 Q 和 $\overline{Q}$ 的波形如图 5.2.2 所示。

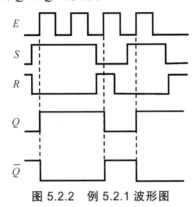

图 5.2.2 例 5.2.1 波形图

R、S 之间有约束，限制了门控 SR 锁存器的使用，为了解决该问题便出现了电路的改进形式—门控 D 锁存器。

5.2.2 门控 D 锁存器

1. 逻辑门控 D 锁存器

逻辑门控 D 锁存器电路图如图 5.2.3 所示。注意观察很容易发现，在门控 SR 锁存器的基础上，增加了反相器 G_5，通过它把加在 S 端的 D 信号反相之后送到了 R 端，除此之外，没有其他差异。

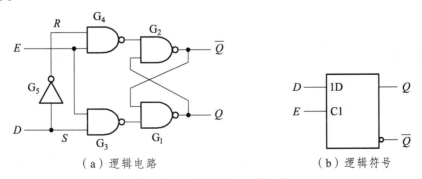

（a）逻辑电路　　　　　　　　　（b）逻辑符号

图 5.2.3 逻辑门控 D 锁存器

从图 5.2.3（a）所示电路可以看出，当 $E=0$ 时，触发器保持原来状态不变。当 $E=1$ 时，Q 和 $\bar{Q}$ 的状态跟随 D 的状态变化而变化：$D=0$ 时，$R=1$，$S=0$，触发器置 0；$D=1$ 时，$R=0$，$S=1$，触发器置 1。它的功能表如表 5.2.2 所示。

表 5.2.2　门控 D 锁存器的功能表

E	D	Q	$\bar{Q}$	功能
0	×	不变	不变	保持
1	0	0	1	置 0
1	1	1	0	置 1

2. 传输门控 D 锁存器

传输门控 D 锁存器电路图如图 5.2.4 所示。由图可知，当 $E=1$ 时，$\bar{C}=0$，$C=1$，TG_1 导通，TG_2 断开，$Q=D$；当 $E=0$ 时，$\bar{C}=1$，$C=0$，TG_1 断开，TG_2 导通，Q 不变。传输门控 D 锁存器的逻辑符号和真值表与逻辑门控 D 锁存器的逻辑符号和真值表相同。

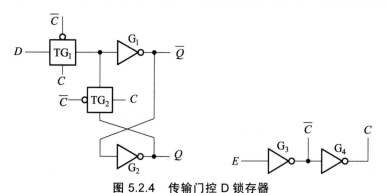

图 5.2.4　传输门控 D 锁存器

5.2.3　锁存器的空翻现象

对触发器加时钟脉冲的目的，是要确定触发器状态变化的时刻。因此，当一个时钟触发脉冲作用时，要求触发器的状态只能翻转一次。锁存器在 $E=1$ 期间，随着输入信号发生变化，锁存器的状态可能发生两次或两次以上的翻转，这种现象称为空翻。空翻会造成节拍的混乱和系统工作的不稳定，这是锁存器的一个缺陷。为了克服空翻现象，实现状态的可靠翻转，对电路作进一步改进，产生了多种结构的触发器，应用较多和性能较好的有主从触发器。

5.3　主从触发器

为了解决锁存器空翻现象，提高工作的可靠性，人们在锁存器基础上设计了一种主从结构的主从触发器。

5.3.1　主从 SR 触发器

图 5.3.1（a）给出的是主从 SR 触发器的逻辑电路图，它是由两个门控 SR 锁存器级联起

来构成,其中门 $G_5 \sim G_8$ 组成主触发器,门 $G_1 \sim G_4$ 组成从触发器。主触发器的时钟信号是 CP,从触发器的时钟信号是 $\overline{CP}$。图 5.3.1(b)为主从 SR 触发器逻辑符号,"o>"表示 CP 下降沿有效。主从 SR 触发器的功能表如表 5.3.1 所示。

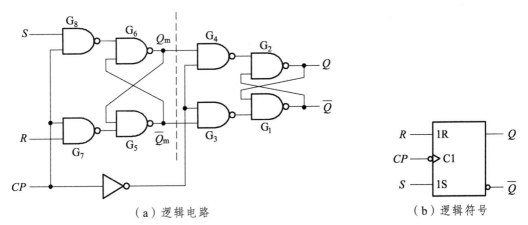

（a）逻辑电路　　　　　　　　　　　（b）逻辑符号

图 5.3.1　主从 SR 触发器

表 5.3.1　主从 SR 触发器的功能表

CP	S	R	Q	$\overline{Q}$	功能
↓	0	0	不变	不变	保持
↓	0	1	0	1	置 0
↓	1	0	1	0	置 1
↓	1	1	1	1	非定义状态

在主从 SR 触发器中,接收输入信号和输出信号是分成两步进行的:

（1）接收输入信号过程:当 $CP=1$、$\overline{CP}=0$ 时,主触发器控制门 G_7、G_8 被打开,故主触发器根据输入信号 R 和 S 的状态翻转;从触发器控制门 G_3、G_4 被封锁,其状态保持不变。

（2）输出信号过程:当 CP 下降沿到来时,主触发器控制门 G_7、G_8 被封锁,此后,无论 R 和 S 的状态如何变化,在 $CP=0$ 期间主触发器的状态保持不变。同时,从触发器控制门 G_3、G_4 被打开,从触发器按照主触发器的状态翻转。

主从触发器克服了 $CP=1$ 期间触发器输出状态可能多次翻转的问题,但由于主触发器本身是门控 SR 锁存器,所以在 $CP=1$ 期间,主触发器的输出 Q_m 和 $\overline{Q}_m$ 的状态仍然会随 R 和 S 状态的变化而多次变化,而且两个输入信号也不允许同时为 1。

5.3.2　主从 JK 触发器

主从 JK 触发器是为了解决主从 SR 触发器中 R、S 之间有约束的问题而设计的。

如图 5.3.2（a）所示是主从 JK 触发器的逻辑电路图,是在主从 SR 触发器基础上,把 $\overline{Q}$ 反馈到 G_8 的输入端、把 Q 反馈到 G_7 的输入端得到的。原来的 S 变成为 J、R 变成为 K,由于主从结构的电路形式未变，而输入信号变成了 J 和 K，故称为主从 JK 触发器。图 5.3.2（b）为主从 JK 触发器的逻辑符号。

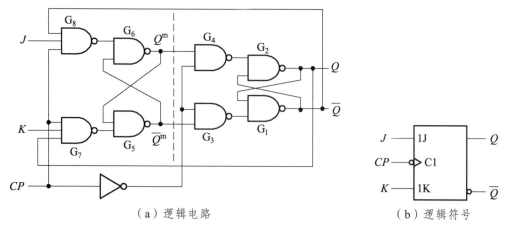

（a）逻辑电路　　　　　　　　　　（b）逻辑符号

图 5.3.2　主从 JK 触发器

下面分析主从 JK 触发器的工作原理。

若 $J=1$、$K=0$，则 $CP=1$ 时，主触发器置 1（原来是 0 则置成 1，原来是 1 则保持 1），待 $CP=0$ 以后从触发器亦随之置 1。

若 $J=0$、$K=1$，则 $CP=1$ 时，主触发器置 0，待 $CP=0$ 以后从触发器亦随之置 0。

若 $J=K=0$，则 G_7、G_8 门被封锁，触发器保持原来状态不变。

若 $J=K=1$，需要分别考虑两种情况。第一种情况是初态为 0，即 $Q=0$、$\overline{Q}=1$，这时 G_7 被 Q 端的低电平封锁，$CP=1$ 时仅 G_8 门输出低电平，故主触发器置 1。$CP=0$ 以后从触发器也跟着置 1。第二种情况是初态为 1，即 $Q=1$、$\overline{Q}=0$，这时 G_8 被 $\overline{Q}$ 端的低电平封锁，$CP=1$ 时仅 G_7 门输出低电平，故主触发器置 0。$CP=0$ 以后从触发器也跟着置 0。综合以上两种情况可知，无论初态为 0 还是 1，触发器的次态均与初态相反。

主从 JK 触发器的功能表如表 5.3.2 所示。

表 5.3.2　主从 JK 触发器的功能表

CP	J	K	Q	$\overline{Q}$	功能
↓	0	0	不变	不变	保持
↓	0	1	0	1	置 0
↓	1	0	1	0	置 1
↓	1	1	翻转	翻转	翻转

主从 JK 触发器输入信号 J 和 K 之间没有约束，是一种使用起来十分灵活方便的触发器。但其存在一次变化问题，因此抗干扰能力尚需提高。假设触发器初态为 0，即 $Q^n=0$，$\overline{Q}^n=1$，且 $J=0$、$K=1$，如果在 $CP=1$ 期间 J、K 发生变化，使 $J=1$、$K=0$ 或 $J=K=1$，则主触发器被置成 1，而此时又恢复 $J=0$、$K=1$，则门 G_7 被 Q^n 封锁，所以主触发器无法恢复为 0 状

态，当 CP 下降沿到来时，从触发器也被置成 1。所以在 $CP=1$ 期间，主触发器只能翻转一次，无论 JK 如何变化，不再变回来，这种现象称一次性变化。所以，一般情况下，主从 JK 触发器要求在 $CP=1$ 期间输入信号的取值保持不变。

5.3.3 主从 D 触发器

图 5.3.3（a）是利用 CMOS 传输门构成的一种主从触发器。图 5.3.3（b）为该触发器的逻辑符号，"＞"表示 CP 上升沿有效。

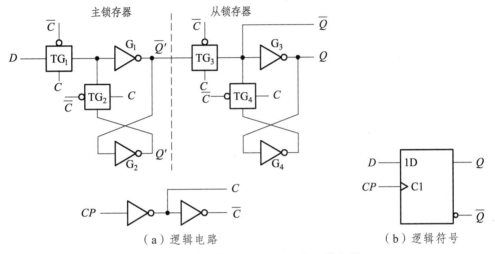

（a）逻辑电路　　　　　　　（b）逻辑符号

图 5.3.3　利用 CMOS 传输门的 D 触发器

从图 5.3.3 中可以看到，反相器 G_1、G_2 和传输门 TG_1、TG_2 组成主触发器，反相器 G_3、G_4 和传输门 TG_3、TG_4 组成从触发器。TG_1 和 TG_3 分别为主触发器和从触发器的输入控制门。

当 $CP=0$ 时，即 $\bar{C}=1$、$C=0$ 时，TG_1 导通，TG_2 截止，D 端的输入信号送到主触发器中，使 $Q'=D$。但这时主触发器尚未形成反馈连接，不能自行保持，Q' 跟随 D 端的状态变化。同时 TG_3 截止，TG_4 导通，所以从触发器维持原态不变，而且它与主触发器之间的联系被 TG_3 所切断。

当 CP 的上升沿到达时，即 $\bar{C}=0$、$C=1$ 时，TG_1 截止，TG_2 导通，由于门 G_1 的输入电容存储效应，G_1 输入端的电压不会立刻消失，于是 Q' 在 TG_1 切断前的状态被保存下来。同时 TG_3 导通，TG_4 截止，主触发器的状态通过 TG_3 和 G_3 送到输出端，使 $Q=Q'=D$。

可见，这种触发器的动作特点是输出端状态的转换发生在 CP 的上升沿，而且触发器所保存下来的状态仅仅取决于 CP 上升沿到达时的输入状态。

5.4　维持阻塞 D 触发器

维持阻塞 D 触发器逻辑电路如图 5.4.1 所示。该触发器由 6 个与非门构成，其中 G_1、G_2、G_3 和 G_4 响应外部输入信号 D 和时钟信号 CP，所产生的 $\bar{S}$ 和 $\bar{R}$ 信号控制由 G_5 和 G_6 构成的基本 SR 锁存器的状态，也就是整个触发器的状态。下面分析其工作原理。

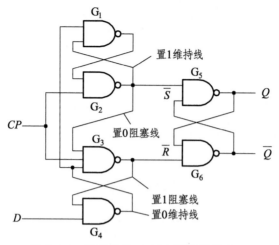

图 5.4.1　维持阻塞 D 触发器的逻辑电路

（1）当 $CP = 0$ 时，与非门 G_2 和 G_3 被封锁，其输出 $\overline{S} = \overline{R} = 1$，触发器的输出 Q 和 $\overline{Q}$ 保持原状态不变。同时 $\overline{S}$ 和 $\overline{R}$ 的高电平分别反馈到 G_1 和 G_4 输入端，将这两个门打开，使 $Y_4 = \overline{D}$，$Y_1 = \overline{Y_4} = D$，D 信号进入触发器，为触发器状态更新做好准备。

（2）当 CP 由 0 跳变到 1 后瞬间，G_2 和 G_3 打开，$\overline{S}$ 和 $\overline{R}$ 分别由 Y_1 和 Y_4 的状态所决定，即 $\overline{S} = \overline{D}$，$\overline{R} = D$，由基本 SR 锁存器的逻辑功能可知，此时 $Q = D$。

（3）当 $CP = 1$ 时，由于 G_2 和 G_3 打开后，它们的输出 $\overline{S}$ 和 $\overline{R}$ 的状态是互补的，即必定有一个是 0。如果 $\overline{R} = 0$，则经 $\overline{R}$ 至 G_4 输入的反馈线将 G_4 封锁，D 端通往基本 SR 锁存器的路径被封锁，该反馈线使触发器维持在 0 状态并阻止触发器变为 1 状态，故该反馈线称为置 0 维持线、置 1 阻塞线。如果 $\overline{S} = 0$，则经 $\overline{S}$ 至 G_1 输入的反馈线将 G_1 封锁，故称为置 1 维持线。$\overline{S}$ 到 G_3 的反馈线阻止触发器置 0，故称为置 0 阻塞线。综上所述，在 $CP = 1$ 期间触发器的状态保持不变。

虽然维持阻塞 D 触发器的电路结构与主从 D 触发器完全不同，但这两个电路所实现的逻辑功能是完全相同的，都是在 CP 上升沿到来后瞬间转换输出状态，将输入信号 D 传输到 Q 端并保持下去。

5.5　触发器的逻辑功能

触发器的逻辑功能是指触发器的次态和初态及输入信号之间在稳态下的逻辑关系，这种逻辑关系可以用特性表、特性方程和状态图来描述。根据逻辑功能的不同特点，把触发器分为 SR 触发器、D 触发器、JK 触发器、T 触发器和 T′ 触发器。需要注意的是，逻辑功能和电路结构是两个不同的概念。某一逻辑功能的触发器可以用不同的电路结构来实现，如门控 SR 触发器和主从 SR 触发器；同时，以某一种电路结构为基础，也可以构成不同逻辑功能的触发器。

1. D 触发器

以输入信号和触发器的现态为变量，以次态为函数，描述它们之间逻辑关系的真值表称为触发器的特性表。D 触发器的特性表如表 5.5.1 所示。

表 5.5.1　D 触发器特性表

D	Q^n	Q^{n+1}
0	0	0
0	1	0
1	0	1
1	1	1

触发器的逻辑功能也可以用特性方程来描述。根据表 5.5.1 可以列出 D 触发器的特性方程：

$$Q^{n+1} = D$$

触发器的逻辑功能还可以用状态图来描述。根据表 5.5.1 可以导出 D 触发器的状态图如图 5.5.1 所示。图中，圆圈内为触发器的状态 Q，分别表示为 0 和 1 的两个圆圈代表了触发器的两个状态；4 根带箭头的方向线表示状态转换的方向，分别对应特性表中的 4 行，方向线的起点为触发器的现态 Q^n，箭头指向相应的次态 Q^{n+1}；方向线的旁边标出状态转换的条件，即输入信号 D 的逻辑值。

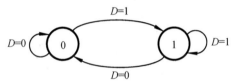

图 5.5.1　D 触发器的状态图

2. JK 触发器

表 5.5.2 是 JK 触发器的特性表。

表 5.5.2　JK 触发器的特性表

J	K	Q^n	Q^{n+1}
0	0	0	0
0	0	1	1
0	1	0	0
0	1	1	0
1	0	0	1
1	0	1	1
1	1	0	1
1	1	1	0

从表 5.5.2 可以导出 JK 触发器的特性方程：

$$Q^{n+1} = J \cdot \overline{Q^n} + \overline{K} \cdot Q^n$$

从表 5.5.2 可以导出 JK 触发器的状态图如 5.5.2 所示。

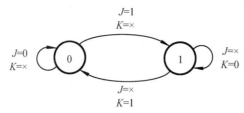

图 5.5.2　JK 触发器的状态图

3. SR 触发器

SR 触发器的特性表如表 5.5.3 所示。从表中可以看出 $S = R = 1$ 时，触发器的次态是不能确定的，如果出现这种情况，触发器将失去控制。因此，SR 触发器的使用必须遵循 $RS = 0$ 的约束条件。从特性表可导出 SR 触发器的特性方程

$$Q^{n+1} = S + \overline{R} \cdot Q^n$$

$RS = 0$（约束条件）

表 5.5.3　RS 触发器的特性表

S	R	Q^n	Q^{n+1}
0	0	0	0
0	0	1	1
0	1	0	0
0	1	1	0
1	0	0	1
1	0	1	1
1	1	0	不确定
1	1	1	不确定

从特性表可以导出 SR 触发器的状态图，如图 5.5.3 所示。

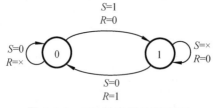

图 5.5.3　SR 触发器的状态图

4. T 触发器

在 CP 脉冲的作用下，当输入 $T = 0$ 时，触发器的功能为保持状态；当输入 $T = 1$ 时，触发器的功能为翻转状态。具备这种逻辑功能的触发器称为 T 触发器。

根据 T 触发器逻辑功能的定义，可列出 T 触发器的特性表，如表 5.5.4 所示。

表 5.5.4　T 触发器特性表

T	Q^n	Q^{n+1}
0	0	0
0	1	1
1	0	1
1	1	0

从表 5.5.4 可以导出 T 触发器的特性方程：

$$Q^{n+1} = T \cdot \overline{Q^n} + \overline{T} \cdot Q^n = T \oplus Q^n$$

从表 5.5.4 可以导出 T 触发器的状态图如 5.5.4 所示。

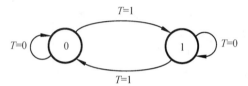

图 5.5.4　T 触发器的状态图

对于 T 触发器来说，当 $T = 0$ 时，触发器保持原状态不变；当 $T = 1$ 时，触发器将随 CP 的到来而翻转，具有计数功能。因此可称为可控翻转触发器。对比 T 触发器和 JK 触发器的状态方程可知，当 JK 触发器取 $J = K = T$ 时，就可以实现 T 触发器功能。

5. T′触发器

当 T 触发器的 $T = 1$ 时，T 触发器的特性方程将变为：

$$Q^{n+1} = \overline{Q^n}$$

也就是说，每来一个 CP 脉冲，触发器状态都将翻转一次，构成计数工作状态，这就是 T′触发器，也称为翻转触发器。

值得注意的是，在集成触发器产品中不存在 T 触发器和 T′触发器，而是由其他类型的触发器连接成具有翻转功能的触发器，但其逻辑符号可单独存在，以突出其特点。

6. 触发器逻辑功能的转换

触发器按逻辑功能不同可分为 SR 触发器、JK 触发器、D 触发器、T 触发器、T′触发器，它们分别有各自的状态方程。在实际应用中，有时可以将一种类型的触发器转换为另一种类型的触发器。如图 5.5.5 所示为触发器转换的示意图。其中，已有的触发器为已有的某种结构和功能的触发器，虚线框表示为转换后的触发器。由图 5.5.5 可以看出，转换的核心是求转换电路。该转换电路的输入是新功能触发器的驱动输入，其输出是已知触发器的驱动输入。

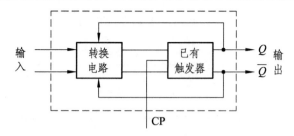

图 5.5.5　触发器转换图

下面介绍几种触发器的转换方法。

1）D 触发器转换成 JK 触发器

因为 D 触发器的特性方程为 $Q^{n+1} = D$，JK 触发器的特性方程为 $Q^{n+1} = J \cdot \overline{Q^n} + \overline{K} \cdot Q^n$，所以可得到 $D = J \cdot \overline{Q^n} + \overline{K} \cdot Q^n$。其转换电路如图 5.5.6 所示。

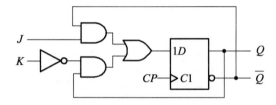

图 5.5.6　D 触发器转换成 JK 触发器

2）D 触发器转换成 T 触发器

因为 D 触发器的特性方程为 $Q^{n+1} = D$，T 触发器的特性方程为 $Q^{n+1} = T \cdot \overline{Q^n} + \overline{T} \cdot Q^n$，所以可得到 $D = T \cdot \overline{Q^n} + \overline{T} \cdot Q^n = T \oplus Q^n$。其转换电路如图 5.5.7 所示。

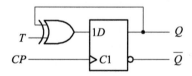

图 5.5.7　D 触发器转换为 T 触发器

3）JK 触发器转换成 T 触发器

因为 JK 触发器的特性方程为 $Q^{n+1} = J \cdot \overline{Q^n} + \overline{K} \cdot Q^n$，而 T 触发器的特性方程为 $Q^{n+1} = T \cdot \overline{Q^n} + \overline{T} \cdot Q^n$，比较两个等式可得到 $J = T$、$K = T$，其转换电路如图 5.5.8 所示。如令 $T = 1$ 就得到 T' 触发器。

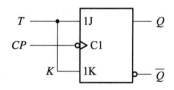

图 5.5.8　JK 触发器转换为 T 触发器

4）JK 触发器转换成 SR 触发器

因为 JK 触发器的特性方程为 $Q^{n+1} = J \cdot \overline{Q^n} + \overline{K} \cdot Q^n$，而 SR 触发器的特性方程为 $Q^{n+1} = S + \overline{R} \cdot Q^n$，变换 SR 触发器的特性方程后比较两个等式可得到 $S = J$、$R = K$，可以得到 JK 触发器转换为 SR 触发器的电路图，如图 5.5.9 所示。

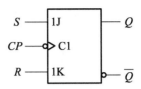

图 5.5.9　JK 触发器转换为 SR 触发器

本章小结

锁存器和触发器是具有记忆功能的基本逻辑单元，它们都有两个稳定状态，从而可以存储 1 位二进制数值，置 0、置 1 和数据保存是储存储单元最基本的功能。

锁存器是对脉冲电平敏感的存储电路。基本 SR 锁存器的输出状态由输入电平直接控制。门控 SR 锁存器在使能信号有效的条件下由输入信号决定其状态。

D 锁存器的电路简单，是构成触发器的基本电路。在使能信号有效时，D 锁存器输出跟随输入信号 D 而变化。

触发器是对时钟脉冲边缘敏感的存储电路，它们在时钟脉冲的上升沿或下降沿作用下更新状态。目前流行的触发器电路主要有主从和维持阻塞电路结构，它们的工作原理各不相同。

触发器按逻辑功能分类，有 D 触发器、JK 触发器、T 触发器、SR 触发器等几种类型，它们的功能可用特性表、特性方程和状态转换图来描述。

习　题

5.1　在图题 5.1（a）所示的基本 SR 锁存器中，已知输入信号 $\overline{R}$、$\overline{S}$ 的波形如图（b）所示，请画出 Q、$\overline{Q}$ 端的波形。

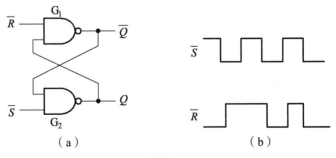

图题 5.1

5.2　在图题 5.2（a）所示的基本 SR 锁存器中，已知输入信号 R、S 的波形如图（b）所示，请画出 Q、$\overline{Q}$ 端的波形。

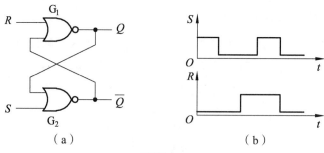

图题 5.2

5.3 在主从 JK 触发器中，若已知波形如图题 5.3 所示，触发器起始状态 0，试画出 Q、$\overline{Q}$ 端的波形。

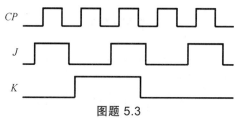

图题 5.3

5.4 在上升沿 D 触发器中，已知 CP、D 的波形如图题 5.4 所示，试画出 Q、$\overline{Q}$ 端波形。设触发器的初始状态为 $Q=0$。

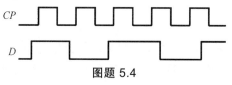

图题 5.4

5.5 在下降沿 JK 触发器中，已知时钟和复位端波形如图题 5.5 所示，J 和 K 接高电平，试画出 Q 端波形。设触发器的初始状态为 $Q=0$。

图题 5.5

5.6 试画出图题 5.6 中各触发器在时钟信号作用下 Q 端的波形，设触发器起始状态皆为 0。

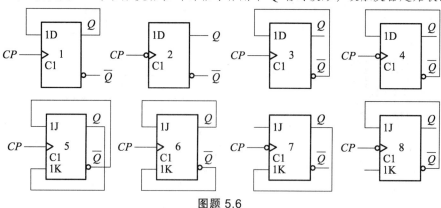

图题 5.6

5.7　试画出图题 5.7 所示触发器的 Q_0、Q_1 端波形，设各触发器起始状态为 0。

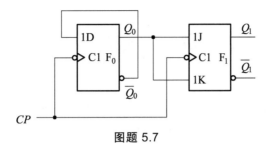

图题 5.7

5.8　试画出图题 5.8 所示触发器的 Q_0、Q_1 端波形，设各触发器起始状态为 0。

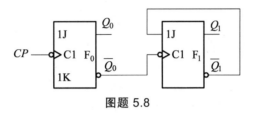

图题 5.8

5.9　试画出图题 5.9 所示电路 Q_0、Q_1 的波形，设各触发器起始状态为 0。

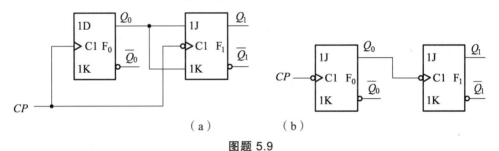

（a）　　　　　　　　　　（b）

图题 5.9

5.10　试画出图题 5.10 所示电路中 Q_0、Q_1 的波形，设各触发器起始状态为 0。

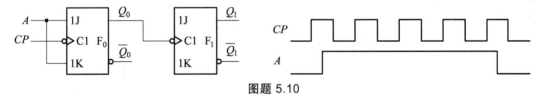

图题 5.10

5.11　试画出图题 5.11 所示电路 Q_0、Q_1 的波形，设各触发器起始状态为 0。

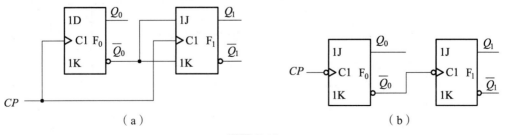

（a）　　　　　　　　　　　　　　（b）

图题 5.11

第6章　时序逻辑电路

本章系统地介绍时序逻辑电路的分析方法和设计方法。

首先从时序逻辑电路的结构框图入手，讲述时序电路的结构特点、功能描述；然后系统地介绍时序逻辑电路的分析方法和步骤，同步时序电路的设计方法和具体步骤；最后介绍常用中规模集成电路计数器、寄存器的分析和使用方法。

6.1　时序逻辑电路概述

数字逻辑电路可分为两大类，即组合逻辑电路和时序逻辑电路。组合逻辑电路的特点是，在任何时刻电路产生的稳定输出信号仅与该时刻电路的输入信号有关。而时序逻辑电路的特点是，在任何时刻电路的稳定输出信号不仅与该时刻电路的输入信号有关，而且与该电路过去的电路状态有关。或者说，某时刻电路的稳定输出与该时刻的输入和电路的状态有关。所以说，时序逻辑电路是具有记忆功能的电路。

时序逻辑电路按其工作方式不同，又分为同步时序逻辑电路和异步时序逻辑电路。

6.1.1　时序逻辑电路的特点

时序逻辑电路的特点是，任意时刻的输出不仅取决于该时刻的输入，而且还与电路原来的状态有关。时序逻辑电路的基本结构如图 6.1.1 所示。由图可知，时序逻辑电路在电路结构上有两个特点。第一，时序逻辑电路通常包含组合电路和存储电路两个部分，其中存储电路由锁存器或触发器组成，是时序电路必不可少的部分。第二，电路存在反馈。在时序电路中，存储电路的输出状态必须反馈到组合电路的输入端，与输入信号一起，共同决定组合电路的输出和存储电路的下一种输出状态。

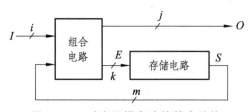

图 6.1.1　时序逻辑电路的基本结构

方便起见，基本结构图中各组逻辑变量均以向量形式表示，其中 I 表示输入信号；O 表示输出信号；E 表示存储电路的输入信号，称为激励信号或驱动信号；S 表示存储电路的输出信号，称为状态信号或状态变量。时钟脉冲有效沿到来之前存储电路的状态，称为现态或初态，用 S^n 表示；有效沿到来之后存储电路的状态，称为次态，用 S^{n+1}。输入信号、输出信号、激励信号和状态信号这 4 个信号之间的逻辑关系可以用三组方程来描述：

$$O = h\,(\,I,\ S\,) \tag{6.1.1}$$

$$E = f\,(\,I,\ S\,) \tag{6.1.2}$$

$$S^{n+1} = g\,(\,E,\ S^n\,) \tag{6.1.3}$$

式（6.1.1）描述的是输出信号与输入信号、状态变量的关系，称为输出方程；式（6.1.2）描述的是激励信号与输入信号、状态变量的关系，称为激励方程，也叫驱动方程；式（6.1.3）描述的是次态与输入信号、现态的关系，称为转换方程，也叫状态方程。因为时序电路的输出不仅与该时刻的输入有关，而且还与电路原来的状态有关，所以这三组方程右边的状态变量都是现态，这一点尤其要注意。通常来说，一个时序电路可以通过这三组方程来确定它的逻辑功能，所以通过逻辑图可以得到这三组方程。

6.1.2　时序逻辑电路的分类

1. 按电路中触发器状态变化是否同步分类

（1）同步时序逻辑电路。

同步时序逻辑电路如图 6.1.2 所示，这种电路状态改变时，电路中要更新状态的触发器是同步翻转的。因为在这种时序逻辑电路中，其状态的改变受同一个时钟脉冲控制，各个触发器的 CP 信号都是输入同一个时钟脉冲。

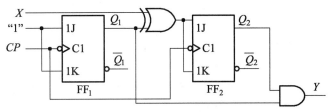

图 6.1.2　同步时序逻辑电路

（2）异步时序逻辑电路。

异步时序逻辑电路如图 6.1.3 所示，这种电路状态改变时，电路中要更新状态的触发器，有的先翻转，有的后翻转，是异步进行的。因为在这种时序逻辑电路中，有的触发器，其 CP 信号就是输入时钟脉冲，有的触发器则不是，而是其他触发器的输出。

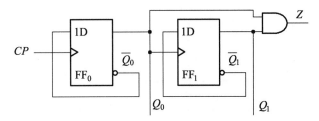

图 6.1.3　异步时序逻辑电路

2. 按电路输出信号的特性分类

（1）Mealy 型时序逻辑电路。

其输出不仅与现态有关，而且还与电路的输入有关，其输出方程为 $O = h\,(\,I,\ S\,)$，电路如图 6.1.4 所示。

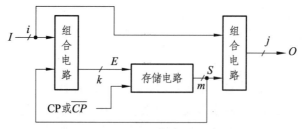

图 6.1.4　Mealy 型时序逻辑电路

（2）Moore 型时序逻辑电路。

其输出仅决定于电路的现态，其输出方程为 $O = h(S)$，电路如图 6.1.5 所示。

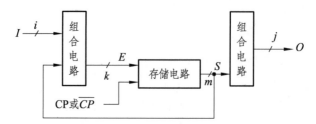

图 6.1.5　Moore 型时序逻辑电路

6.1.3　几个概念

1. 有效状态与有效循环

在时序电路中，凡是被利用了的状态，都叫做有效状态。由有效状态形成的循环，都称为有效循环。如图 6.1.6（a）所示为有效循环，因为这 6 个状态都是有效状态。

2. 无效状态与无效循环

在时序电路中，凡是没有被利用的状态，都叫做无效状态。如果无效状态形成了循环，那么这种循环就称为无效循环。如图 6.1.6（b）所示为无效循环，因为这两个状态都是无效状态。

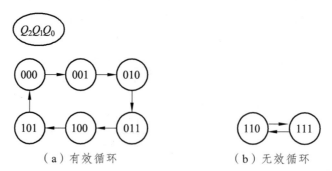

（a）有效循环　　　　　　（b）无效循环

图 6.1.6　时序逻辑电路的有效循环与无效循环

3. 能自启动与不能自启动

（1）能自启动。

在时序逻辑电路中，虽然存在无效状态，但它们没有形成循环，这样的时序逻辑电路叫做能够自启动的时序逻辑电路。

（2）不能自启动。

在时序逻辑电路中，既有无效状态存在，它们之间又形成了循环，这样的时序逻辑电路被称为不能自启动的时序逻辑电路。

如图 6.1.6 所示状态图中，既存在无效状态 110、111，又形成了无效循环，因此该电路是一个不能自启动的时序逻辑电路，在这种时序逻辑电路中，一旦因某种原因（例如干扰）而落入无效循环，就再也回不到有效状态了，当然，再要正常工作也就不可能了。

6.2　时序逻辑电路的分析

分析时序逻辑电路，就是要得到给定时序电路的逻辑功能。具体地说，就是要找到电路的状态和输出在输入变量和时钟信号的作用下的变化规律。而这种规律通常用状态表、状态图或时序图来描述。因此，分析一个给定的时序电路，实际上是要求出该电路的状态表、状态图或时序图，以此来确定该电路的逻辑功能。

本节介绍由触发器构成的时序电路的分析方法。

6.2.1　同步时序逻辑电路的分析方法

同步时序电路中所有触发器都受同一个时钟信号控制，所以分析方法比较简单。一般按如下步骤进行：

① 了解电路的组成，主要查看电路的输入、输出信号以及触发器的类型等；

② 根据给定逻辑电路写出驱动方程和输出方程；

③ 将各触发器的驱动方程代入相应触发器的特性方程，即得到各触发器的状态方程；

④ 根据输出方程和状态方程，列状态表、画状态图或时序图；

⑤ 确定电路的逻辑功能。

上述对时序逻辑电路的分析步骤不是一成不变的，可根据电路繁简情况和分析者的熟悉程度进行取舍。

例 6.2.1　试分析如图 6.2.1 所示电路的逻辑功能。

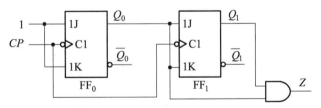

图 6.2.1　例 6.2.1 的逻辑电路图

解： 这是一个由两个 JK 触发器和与门组成的 Moore 型同步时序逻辑电路，分析如下。

（1）根据逻辑图写出每个触发器的驱动方程和输出方程。

$$J_0 = K_0 = 1$$

$$J_1 = K_1 = Q_0^n$$

$$Z = Q_1^n Q_0^n$$

（2）将驱动方程代入触发器的特征方程求得触发器的状态方程。

$$Q_0^{n+1} = J_0 \bar{Q}_0^n + \bar{K}_0 Q_0^n = 1\bar{Q}_0^n + \bar{1}Q_0^n = \bar{Q}_0^n$$

$$Q_1^{n+1} = J_1 \bar{Q}_1^n + \bar{K}_1 Q_1^n = Q_0^n \bar{Q}_1^n + \bar{Q}_0^n Q_1^n = Q_0^n \oplus Q_1^n$$

（3）列出状态转换表，画出状态转换图与时序波形图。

根据状态方程和输出方程，可以列出状态表，如表 6.2.1 所示。

表 6.2.1　例 6.2.1 的状态表

Q_1^n	Q_0^n	Q_1^{n+1}	Q_0^{n+1}	Z
0	0	0	1	0
0	1	1	0	0
1	0	1	1	0
1	1	0	0	1

由此状态表可以得到：

① 状态图，如图 6.2.2 所示。

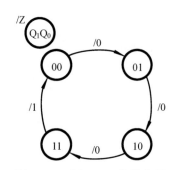

图 6.2.2　例 6.2.1 的状态图

② 时序图，如图 6.2.3 所示。

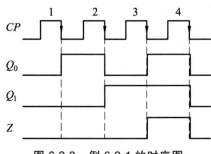

图 6.2.3　例 6.2.1 的时序图

（4）确定电路的逻辑功能。

由状态图和时序图可知，此电路是一个同步四进制加法计数器，Z 为进位输出端。

例 6.2.2　试分析如图 6.2.4 所示电路的逻辑功能。

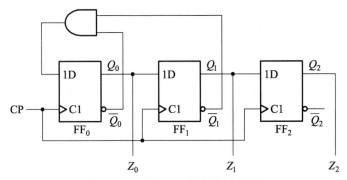

图 6.2.4　例 6.2.2 的逻辑电路图

解：（1）根据逻辑图写出每个触发器的驱动方程和输出方程。

$$D_0 = \overline{Q}_0^n \cdot \overline{Q}_1^n \qquad D_1 = Q_0^n \qquad D_2 = Q_1^n$$

$$Z_0 = Q_0^n \qquad Z_1 = Q_1^n \qquad Z_2 = Q_2^n$$

（2）将驱动方程代入触发器的特征方程求得触发器的状态方程。

$$Q_0^{n+1} = \overline{Q}_0^n \cdot \overline{Q}_1^n \qquad Q_1^{n+1} = Q_0^n \qquad Q_2^{n+1} = Q_1^n$$

（3）列出状态转换表（表 6.2.2），画出状态转换图（图 6.2.5）与时序波形图（图 6.2.6）。

表 6.2.2　例 6.2.2 的状态表

Q_2^n	Q_1^n	Q_0^n	Q_2^{n+1}	Q_1^{n+1}	Q_0^{n+1}
0	0	0	0	0	1
0	0	1	0	1	0
0	1	0	1	0	0
0	1	1	1	1	0
1	0	0	0	0	1
1	0	1	0	1	0
1	1	0	1	0	0
1	1	1	1	1	0

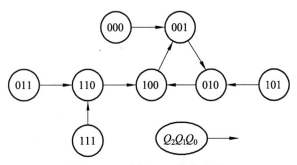

图 6.2.5　例 6.2.2 的状态图

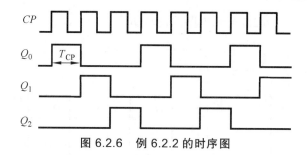

图 6.2.6 例 6.2.2 的时序图

（4）确定电路的逻辑功能。

由状态图可见，电路的有效状态是三位循环码。从时序图可以看出，电路正常工作时，各触发器的 Q 端轮流出现一个宽度为一个 CP 周期脉冲信号，循环周期为 $3T_{CP}$。电路的功能为脉冲分配器或节拍脉冲产生器。

6.2.2　异步时序逻辑电路的分析方法

异步时序电路中各触发器受不同时钟信号控制，所以分析时不仅要考虑各触发器的激励信号，还要考虑各触发器的时钟信号。分析步骤如下：

① 根据给定逻辑电路写出驱动方程、输出方程和时钟方程；

② 将各触发器的驱动方程代入相应触发器的特性方程，即得到各触发器的状态方程；

③ 根据输出方程和状态方程，列状态表、画状态图或时序图；

④ 确定电路的逻辑功能。

例 6.2.3　试分析如图 6.2.7 所示电路的逻辑功能。

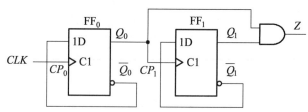

图 6.2.7　例 6.2.3 的逻辑电路图

解：该电路由 2 个上升沿触发的 D 触发器组成，Z 为输出信号。由于触发器 FF_0 的时钟信号为 CLK，FF_1 的时钟信号为 Q_0，所以该电路为异步时序电路。分析过程如下：

（1）写出驱动方程、输出方程和时钟方程。

驱动方程：　$D_0 = \overline{Q}_0^n$　　　$D_1 = \overline{Q}_1^n$

输出方程：　$Z = Q_1^n Q_0^n$

时钟方程：　$CP_0 = CLK\uparrow$　　$CP_1 = Q_0\uparrow$

式中，符号"↑"表示信号从 0 跳变到 1。由驱动方程和时钟方程可知，触发器 FF_0 状态变化的时刻是 CLK 从 0 跳变到 1 的时刻，触发器 FF_1 状态变化的时刻是 Q_0 从 0 跳变到 1 的时刻。

（2）求状态方程。

将驱动方程分别代入 D 触发器的特性方程 $Q_i^{n+1} = D_i$，就可得到状态方程：

$$Q_0^{n+1} = \overline{Q}_0^n \qquad\qquad Q_1^{n+1} = \overline{Q}_1^n$$

在异步时序电路中，由于各触发器的输出状态变化发生在该触发器的时钟脉冲有效沿到达的时刻，因此必须在触发器的状态方程上配上时钟方程

$$Q_0^{n+1} = \overline{Q}_0^n \ (CLK \uparrow) \qquad Q_1^{n+1} = \overline{Q}_1^n \ (Q_0 \uparrow)$$

上面的式子由两部分组成，前一部分描述触发器状态变化规律，后一部分（括号内）描述触发器状态变化时刻。

（3）作状态表、状态图和时序图。

作状态表的方法与同步时序电路相似，但由于异步时序电路中各触发器的时钟信号不同，所以在状态表中要把每个触发器的时钟信号列出来，如表 6.2.3 所示。首先，假设电路的初态为 00，时钟脉冲 CLK 有效沿（↑）到达时，由于 $CP_0 = CLK \uparrow$，所以 Q_0 从 0 变为 1；因此 $CP_1 = Q_0 \uparrow$，所以 Q_1 也从 0 变为 1。即初态为 00 时，电路的次态为 11，根据输出方程可得此时输出 Z 为 1。然后假设电路的初态为 01，时钟脉冲 CLK 有效沿（↑）到达时，由于 $CP_0 = CLK \uparrow$，所以 Q_0 从 1 变为 0；因此 $CP_1 = Q_0 \downarrow$，所以 Q_1 保持不变，仍然为 0。所以初态为 01 时，电路的次态为 00，根据输出方程可得此时输出 Z 为 0。按照相同的方法，可以确定初态为 10 时，次态为 01，输出为 0；初态为 11 时，次态为 10，输出为 0。然后作出状态表，如表 6.2.3 所示。

表 6.2.3　例 6.2.3 的状态表

CLK	Q_1^n	Q_0^n	CP_1	CP_0	Q_1^{n+1}	Q_0^{n+1}	Z
↑	0	0	↑	↑	1	1	1
↑	0	1	↓	↑	0	0	0
↑	1	0	↑	↑	0	1	0
↑	1	1	↓	↑	1	0	0

根据状态表，可作出状态图和时序图，如图 6.2.8 所示。

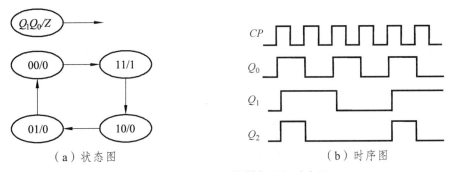

（a）状态图　　　　　　　　　　　　　　（b）时序图

图 6.2.8　例 6.2.3 的状态图和时序图

（4）确定电路逻辑功能。

由状态图和时序图可知，该电路是一个异步二进制减计数器，Z 信号的上升沿可触发借位操作。

6.3　同步时序逻辑电路的设计

"设计"是"分析"的逆过程，根据给定的要求，设计出满足要求的逻辑电路。在设计时序逻辑电路时，要求设计者根据给出的具体逻辑问题，求出完成这一逻辑功能的时序逻辑电路来。所设计出的逻辑电路应力求最简。

当选用小规模集成电路做设计时，电路最简的标准是所用的触发器和门电路的数目最少，而且触发器和门电路的输入端数目亦为最少。而当使用中规模集成电路时，电路最简的标准则是使用的集成电路数目最少、种类最少，而且相互连线也最少。

同步时序逻辑电路的设计步骤为：

① 根据给定的逻辑功能建立原始状态图和原始状态表。分析设计要求，确定输入变量、输出变量及电路的状态数，找出所有可能的状态和状态转换之间的关系，建立原始状态转换图或状态转换表。

② 状态化简，即求出最简状态图。合并等价状态，消去多余状态的过程称为状态化简。等价状态：在相同的输入下有相同的输出，并转换到同一个次态的两个状态称为等价状态。

③ 确定触发器的类型及数目。如果要设计的时序电路有 M 个状态，触发器的个数为 n，则 $2^{n-1} \leqslant M \leqslant 2^n$。

④ 选择状态编码，进行状态分配。对所选择的编码要便于记忆和识别，并且遵循一定的规律。

⑤ 由状态编码列出状态表，由状态表画出各触发器的卡诺图，求状态方程和输出方程。

⑥ 检查是否自启动，对无效状态代入状态方程，求出状态与输出，完成状态转换图，并判断是否能自启动。

⑦ 根据转换状态方程所选触发器类型的特征方程形式，求各触发器的驱动方程。

⑧ 画逻辑电路图。

例 6.3.1　试设计一个带有进位输出的同步五进制计数器。

解：（1）首先分析设计要求。

计数器的工作特点是在时钟信号操作下自动地依次从一个状态转为下一个状态。所以计数器没有输入信号，只有输出信号。可见，计数器是属于 Moore 型的一种简单时序逻辑电路。

取进位信号为输出逻辑变量 Y，同时规定有进位输出时 $Y=1$，无进位输出时 $Y=0$。

五进制计数器应该有 5 个状态，若分别用 S_0、S_1、S_2、S_3、S_4 表示，按题意即可画出如图 6.3.1 所示的原始状态图。

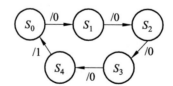

图 6.3.1　例 6.3.1 的原始状态图

因为五进制计数器必须用 5 个不同的状态表示已经输入的时钟脉冲数，所以状态已不能再化简。

根据要求 M 有 5 个状态，故应取触发器位数 $n = 3$，因为：$2^2 < 5 < 2^3$，如无特殊要求，取自然二进制数 000 ~ 100 为 S_0 ~ S_4 的编码，于是便得到如图 6.3.2 所示的状态图。

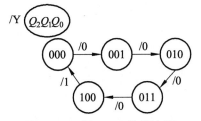

图 6.3.2　例 6.3.1 的状态图

根据图 6.3.2 画出各触发器的次态卡诺图和进位输出卡诺图，如图 6.3.3 所示。由于计数器正常工作时不会出现 101、110、111 这三种状态，所以可将这三种状态作约束项处理，在卡诺图上用 "×" 表示。

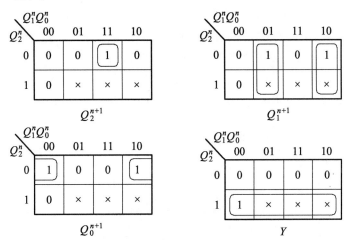

图 6.3.3　例 6.3.1 各触发器的次态卡诺图和输出卡诺图

由卡诺图可写出触发器的状态方程为

$$Q_2^{n+1} = \bar{Q}_2^n Q_1^n Q_0^n \qquad Q_1^{n+1} = \bar{Q}_1^n Q_0^n + Q_1^n \bar{Q}_0^n \qquad Q_0^{n+1} = \bar{Q}_2^n \bar{Q}_0^n$$

输出方程为　　　　　$Y = Q_2^n$

由于 JK 触发器的特性方程为 $Q^{n+1} = J\bar{Q}^n + \bar{K}Q^n$，将状态方程与 JK 触发器的特性方程相比较，则可以得到驱动方程为 $J_2 = Q_1^n Q_0^n$、$K_2 = 1$；$J_1 = K_1 = Q_0^n$；$J_0 = \bar{Q}_2^n$、$K_0 = 1$。

（2）接下来检查电路能否自启动。分别将无效状态 101、110、111 代入各状态方程中计算，所得次态分别为 010、010、000，图 6.3.4 是完整的状态图，故电路能自启动。

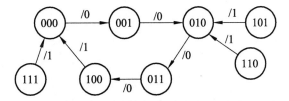

图 6.3.4　例 6.3.1 的完整状态图

（3）最后根据驱动方程与输出方程即可画出该电路的逻辑图，如图 6.3.5 所示。

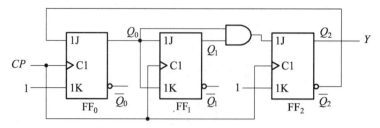

图 6.3.5　例 6.3.1 逻辑电路图

例 6.3.2　设计一个串行数据检测器。电路的输入信号 X 是与时钟脉冲同步的串行数据，输出信号为 Z；要求电路输入信号 X 出现 110 序列时，输出信号 Z 为 1，否则为 0。

解：（1）根据给定的逻辑功能建立原始状态图和原始状态表。

① 确定输入、输出变量及电路的状态数：

输入变量：A；输出变量：Z；状态数：4 个。

② 定义输入、输出逻辑状态和每个电路状态的含义：

a—初始状态；b—A 输入 1 后；c—A 输入 11 后；d—A 输入 110 后。

（2）列出原始状态转换图和表。图 6.3.7 为原始状态转换图，表 6.3.1 为原始状态转换表。

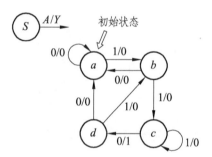

图 6.3.7　原始状态转换图

表 6.3.1　原始状态转换表

现态	次态/输出	
	$A = 0$	$A = 1$
a	$a/0$	$b/0$
b	$a/0$	$c/0$
c	$d/1$	$c/0$
d	$a/0$	$b/0$

对表 6.3.1 中的原始状态表进行状态化简，可得简化状态转换表，如表 6.3.2 所示。

由表 6.3.2 简化状态转换表可得简化状态转换图，如图 6.3.8 所示。

表 6.3.2　简化状态转换表

现态	次态/输出	
	$A = 0$	$A = 1$
a	$a/0$	$b/0$
b	$a/0$	$c/0$
c	$a/1$	$c/0$

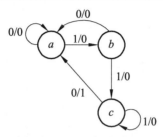

图 6.3.8　简化状态转换图

（3）状态分配。

令 $a = 00$，$b = 01$，$c = 11$ 可得状态转换图和状态转换表，如图 6.3.9 和表 6.3.3 所示。

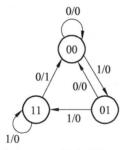

图 6.3.9　状态转换图

表 6.3.3　状态转换表

现态 Q_1Q_0	$Q_1^{n+1}Q_0^{n+1}/Y$	
	$A = 0$	$A = 1$
00	00/0	01/0
01	00/0	11/0
11	00/1	11/0

（4）选择触发器的类型。

触发器个数：两个。类型：采用对 CP 下降沿敏感的 JK 触发器。

（5）求激励方程和输出方程。由 JK 触发器的状态转换图（图 6.3.10），可得状态转换真值表及激励信号，如表 6.3.4 所示。

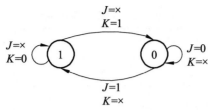

图 6.3.10 JK 触发器的状态转换图

表 6.3.4 状态转换真值表及激励信号

Q_1^n	Q_0^n	A	Q_1^{n+1}	Q_0^{n+1}	Y	激励信号			
						J_1	K_1	J_0	K_0
0	0	0	0	0	0	0	×	0	×
0	0	1	0	1	0	0	×	1	×
0	1	0	0	0	0	0	×	×	1
0	1	1	1	1	0	1	×	0	×
1	1	0	0	0	1	×	1	×	1
1	1	1	1	1	0	×	0	×	0

卡诺图化简，如图 6.3.11 所示。

激励方程：

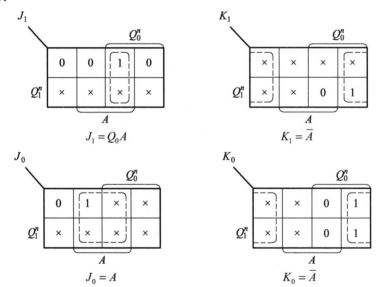

输出方程：

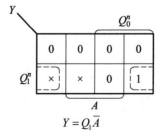

图 6.3.11 卡诺图化简图

（6）根据激励方程和输出方程画出逻辑图，并检查自启动能力。

代入各个状态可得状态转换图，如图 6.3.12 所示。

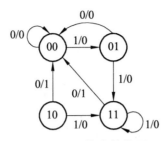

图 6.3.12　状态转换图

显然，可以自启动。但出现两个输出为 1 的状态，电路有输出出错的问题，因此，输出方程化简时，不能包含无关项，输出方程应改为：

$$Y = Q_1 Q_0 \overline{A}$$

（7）画逻辑电路图，如图 6.3.13 所示。

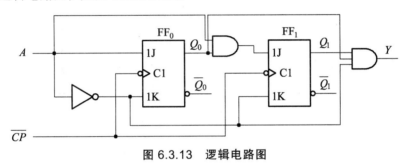

图 6.3.13　逻辑电路图

6.4　集成计数器

在数字电路中，能够记忆输入脉冲个数的电路称为计数器。计数器是一种应用十分广泛的时序逻辑电路，除用于计数、分频外，还广泛用于数字测量、运算和控制。从小型数字仪表，到大型数字电子计算机，几乎无所不在，是任何现代数字系统中不可缺少的组成部分。

计数器的种类繁多，按计数过程中各触发器状态的更新是否同步，可分为同步计数器和异步计数器；按计数过程中数值的进位方式，可分为二进制计数器、十进制计数器和 N 进制计数器；按计数过程中数值的增减情况，可分为加法计数器、减法计数器和可逆计数器。

6.4.1　集成二进制计数器 74LVC161

4 位二进制同步加法计数器 74LVC161 的逻辑符号如图 6.4.1 所示，其中 $\overline{CR}$ 为清零输入端，CET、CEP 为计数使能输入端，$\overline{PE}$ 为预置数输入端，CP 为时钟脉冲输入端，$D_0 \sim D_3$ 为预置数据输入端，$Q_0 \sim Q_3$ 为数据输出端，TC 为进位输出端。

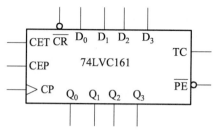

图 6.4.1　74LVC161 的逻辑符号

74LVC161 的功能表如表 6.4.1 所示。由表可知，74LVC161 有以下功能：

① 异步清零。

当 $\overline{CR} = 0$ 时，不管其他输入端信号如何（包括时钟信号 CP），计数器输出 $Q_3Q_2Q_1Q_0$ 为 0000。

② 同步置数。

当 $\overline{CR} = 1$、$\overline{PE} = 0$ 且 CP 为上升沿时，不管其他输入端信号如何，计数器输出 $Q_3Q_2Q_1Q_0 = D_3D_2D_1D_0$。

③ 保持。

当 $\overline{CR} = \overline{PE} = 1$ 且 $CET \cdot CEP = 0$ 时，计数器保持原状态不变。

④ 计数。

当 $\overline{CR} = \overline{PE} = CET = CEP = 1$ 且 CP 为上升沿时，计数器处于计数状态，每来一个时钟脉冲 $Q_3Q_2Q_1Q_0$ 的值加 1。

表 6.4.1　74LVC161 的功能表

输　　　　入									输　　　　出				
清零	预置	使能		时钟	预置数据输入				计　　　数				进位
$\overline{CR}$	$\overline{PE}$	CEP	CET	CP	D_3	D_2	D_1	D_0	Q_3	Q_2	Q_1	Q_0	TC
0	×	×	×	×	×	×	×	×	0	0	0	0	0
1	0	×	×	↑	D_3	D_2	D_1	D_0	D_3	D_2	D_1	D_0	*
1	1	0	×	×	×	×	×	×	保持				*
1	1	×	0	×	×	×	×	×	保持				0
1	1	1	1	↑	×	×	×	×	计数				*

6.4.2　用集成计数器构成任意模数计数器

在计数脉冲的驱动下，计数器中循环的状态个数称为计数器的模数。如用 N 来表示模数，则 n 位二进制计数器的模数为 $N = 2^n$（n 为构成计数器的触发器的个数）；而 1 位十进制计数器的模数为 10，2 位十进制计数器的模数为 100，依次类推。

用集成计数器（模 m）可以很方便地构成任意模数计数器（模 n）。如果 $m>n$，则只需要一个模 m 集成计数器；如果 $m<n$，则需要用多个模 m 计数器构成。下面结合例题分别介绍这两种情况的实现方法。

例 6.4.1　用 74LVC161 构成模 8 加法计数器。

解：模 8 计数器有 8 个状态，而 74LVC161 在计数过程中有 16 个状态，所以只需一片 74LVC161。具体的方法是利用反馈清零法或反馈置数法跳过多余的 8 个状态，即可实现模 8 计数器。

（1）反馈清零法。

反馈清零法适用于有清零输入端的集成计数器。74LVC161 具有异步清零功能，在其计数过程中，不管它的输出处于哪一种状态，只要在异步清零输入端加一低电平（$\overline{CR}=0$），74LVC161 的输出会立即从那个状态回到 0000 状态。清零信号消失后（$\overline{CR}=1$），74LVC161 又从 0000 状态开始重新计数。

图 6.4.2（a）所示电路就是利用反馈清零法构成的模 8 计数器。图 6.4.2（b）是该计数器的有效循环状态图。由图可知，74LVC161 从 $Q_3Q_2Q_1Q_0=0000$ 状态开始计数，当第 8 个 CP 脉冲上升沿到达时，输出 $Q_3Q_2Q_1Q_0=1000$，通过一个非门译码后反馈给 $\overline{CR}$ 端一个清零信号，立即使 $Q_3Q_2Q_1Q_0$ 返回到 0000 状态开始新的计数周期。这样就跳过了 1000～1111 八个状态，构成模 8 计数器。需要说明的是，因为有效循环中的状态为有效状态，每个有效状态在时间上保持一个 CP 周期，直到下一个 CP 上升沿到来才能转换进入下一状态。因此 1000 状态只是一个过渡状态，而不能作为有效状态，所以在有效循环状态图中用虚线表示。

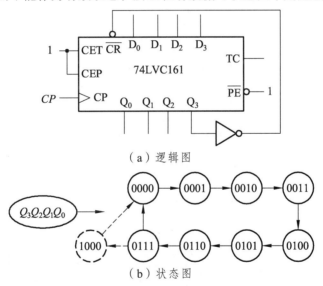

（a）逻辑图

（b）状态图

图 6.4.2　用反馈清零法构成的模 8 计数器

（2）反馈置数法。

反馈置数法适用于具有预置数功能的集成计数器。对于具有同步预置数功能的计数器而言，在其计数过程中，可以根据它输出的任何一个状态获得信息，产生一个预制数控制信号反馈至预置数输入端，在下一个 CP 脉冲作用后，计数器就会把预置数输入端 D_3、D_2、D_1、D_0 的状态置入输入端。预置数控制信号消失后，计数器就从被置入的状态开始重新计数。

图 6.4.3 和图 6.4.4 都是用反馈置数法构成的模 8 计数器。其中图 6.4.3（a）所示电路的接法是把输出 $Q_3Q_2Q_1Q_0=0111$ 的状态经译码产生预置信号 0 反馈至 $\overline{PE}$ 端，在下一个 CP 脉冲上升沿到达时置入 0000 状态。图 6.4.3（b）是图 6.4.3（a）所示电路的有效循环状态图。

图 6.4.4（a）所示电路的接法是将 74LVC161 计数到 1111 状态时产生的进位信号反相后，反馈到预置数端 $\overline{PE}$。预置数输入端置成 1000 状态。该电路从 1000 状态开始计数，输入第 7 个 CP 脉冲后达到 1111 状态，此时 $TC=1$、$\overline{PE}=0$，在第 8 个 CP 脉冲作用后，$Q_3Q_2Q_1Q_0$ 被置成 1000 状态，同时使 $TC=0$、$\overline{PE}=1$。新的计数周期又从 1000 开始。图 6.4.4（b）是图 6.4.4（a）所示电路的有效循环状态图。

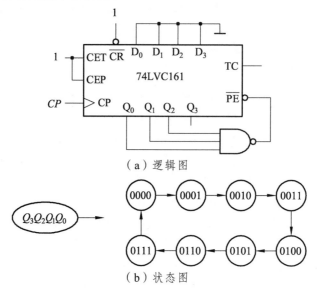

（a）逻辑图

（b）状态图

图 6.4.3　用反馈置数法构成的模 8 计数器（1）

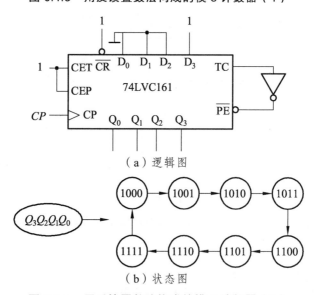

（a）逻辑图

（b）状态图

图 6.4.4　用反馈置数法构成的模 8 计数器（2）

对于 $N=2^n$ 且 $N>16$ 的计数器，则可将多片 74LVC161 级联构成。片与片之间的连接通常有两种：并行进位（低位片的进位信号作为高位片的使能信号，即同步计数方式）和串行进位（低位片的进位信号作为高位片的时钟脉冲，即异步计数方式）。图 6.4.5 是由 2 片 74LVC161 级联构成模 256 计数器，其中图（a）采用的并行进位方式，图（b）采用的串行进位方式。

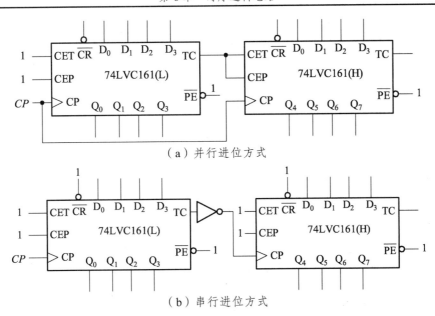

（a）并行进位方式

（b）串行进位方式

图 6.4.5　用 74LVC161 构成模 256 计数器

对于 $16<N<256$ 的计数器，可以先将 2 片 74LVC161 级联构成模 256 计数器，再采用整体反馈清零法或反馈置数法构成模 N 计数器。

例 6.4.2　用 74LVC161 分别组成按自然二进制码计数的模 24 计数器和按 8421 BCD 码计数的模 24 计数器。

解：（1）用 74LVC161 组成按自然二进制码计数的模 24 计数器。

由于 $16<24<256$，所以先将 2 片 74LVC161 级联构成模 256 计数器，再采用整体反馈清零法构成模 24 计数器。根据按自然二进制码计数的模 24 计数器的状态图 6.4.6 可得反馈清零信号 $\overline{CR}=\overline{Q_4Q_3}$。由此作出逻辑图，如图 6.4.7 所示。

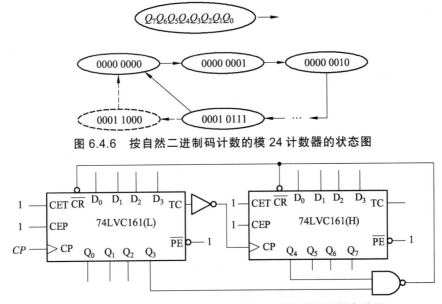

图 6.4.6　按自然二进制码计数的模 24 计数器的状态图

图 6.4.7　按自然二进制码计数的模 24 计数器的逻辑电路图

（2）用 74LVC161 组成按 8421 BCD 码计数的模 24 计数器。

有些场合需将计数状态用数码管显示出来，这时要求计数器按 8421 BCD 码计数。由于 10<24<100，所以用 2 片 74LVC161 组成，一片作为个位计数器，另一片作为十位计数器。先将个位计数器接成按 8421 BCD 码计数的十进制计数器，然后再按串行进位方式把个位计数器和十位计数器连接起来，最后采用整体反馈清零法构成模 24 计数器。按 8421 BCD 码计数的模 24 计数器的逻辑电路图如图 6.4.8 所示。

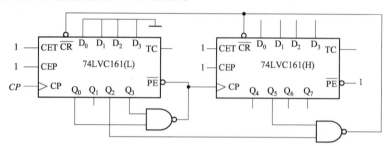

图 6.4.8　按 8421 BCD 码计数的模 24 计数器的逻辑电路图

6.5　寄存器和移位寄存器

寄存器是计算机和其他数字系统中用来存储代码或数据的逻辑部件。集成寄存器产品种类也较多。按输入输出方式分，有串行输入串行输出、并行输入串行输出、串行输入并行输出、并行输入并行输出四种；按移位方向分为单向（左移、右移）和双向移位寄存器；按寄存器状态字长分为 4 位、8 位等；按输入输出顺序分为先入先出、先入后出等。

6.5.1　集成寄存器功能介绍

1.　8 位寄存器 74HCT374

由 8 个 D 触发器构成的 8 位寄存器 74HCT374 的逻辑图如图 6.5.1 所示。图中，$D_0 \sim D_7$ 为 8 位数据输入端，在 CP 脉冲上升沿作用下，$D_0 \sim D_7$ 端的数据同时存入相应触发器。当输出使能控制信号 $\overline{OE} = 0$ 时，触发器存储的数据通过三态门输出端 $Q_0 \sim Q_7$ 并行输出。74HCT374 的功能表如表 6.5.1 所示。

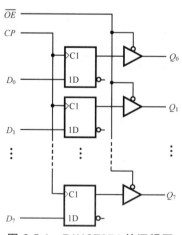

图 6.5.1　74HCT374 的逻辑图

表 6.5.1　74HCT374 的功能表

工作模式	输入			内部触发器	输出
	$\overline{OE}$	CP	D_N	Q_N^{n+1}	$Q_0 \sim Q_7$
存入和读出数据	0	↑	0	0	对应内部触发器的状态
	0	↑	1	1	
存入数据，禁止输出	1	↑	0	0	高阻
	1	↑	1	1	高阻

2. 双向移位寄存器 74HCT194

双向移位寄存器 74HCT194 的逻辑符号如图 6.5.2 所示，其中 $\overline{CR}$ 为清零输入端，CP 为时钟脉冲输入端，S_1、S_0 为工作状态控制输入端，$D_0 \sim D_3$ 为并行数据输入端，D_{SR} 为右移串行数据输入端，D_{SL} 为左移串行数据输入端，$Q_0 \sim Q_3$ 为并行数据输出端。

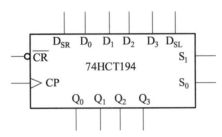

图 6.5.2　74HCT194 的逻辑符号

74HCT194 的功能表如表 6.5.2 所示。由表可知，74HCT194 有以下功能：

表 6.5.2　74HCT194 的功能表

输入										输出				注
$\overline{CR}$	S_1	S_0	D_{SR}	D_{SL}	CP	D_0	D_1	D_2	D_3	Q_0^{n+1}	Q_1^{n+1}	Q_2^{n+1}	Q_3^{n+1}	
0	×	×	×	×	×	×	×	×	×	0	0	0	0	清零
1	×	×	×	×	0	×	×	×	×	Q_0^n	Q_1^n	Q_2^n	Q_3^n	保持
1	1	1	×	×	↑	d_0	d_1	d_2	d_3	d_0	d_1	d_2	d_3	并行输入
1	0	1	1	×	↑	×	×	×	×	1	Q_0^n	Q_1^n	Q_2^n	右移输入 1
1	0	1	0	×	↑	×	×	×	×	0	Q_0^n	Q_1^n	Q_2^n	右移输入 0
1	1	0	×	1	↑	×	×	×	×	Q_1^n	Q_2^n	Q_3^n	1	左移输入 1
1	1	0	×	0	↑	×	×	×	×	Q_1^n	Q_2^n	Q_3^n	0	左移输入 0
1	0	0	×	×	↑	×	×	×	×	Q_0^n	Q_1^n	Q_2^n	Q_3^n	保持

① 清零功能：当 $\overline{CR} = 0$ 时，双向移位寄存器异步清零。

② 保持功能：当 $\overline{CR} = 1$，$CP = 0$ 或 $S_1 = S_0 = 0$ 时，双向移位寄存器保持状态不变。

③ 并行送数功能：当 $\overline{CR} = 1$，$S_1 = S_0 = 1$，$CP = ↑$ 时，将加在 $D_0 \sim D_3$ 的数码送入寄存器 $Q_0 \sim Q_3$ 中。

④ 右移串行送数功能：当 $\overline{CR}=1$ 、$S_1=0$ 、$S_0=1$ 、$CP=\uparrow$ 时，将 D_{SR} 的值移至 Q_0 端，Q_0 原来的值移至 Q_1 端，Q_1 原来的值移至 Q_2 端，Q_2 原来的值移至 Q_3 端。

⑤ 左移串行送数功能：当 $\overline{CR}=1$ 、$S_1=1$ 、$S_0=0$ 、$CP=\uparrow$ 时，将 D_{SL} 的值移至 Q_3 端，Q_3 原来的值移至 Q_2 端，Q_2 原来的值移至 Q_1 端，Q_1 原来的值移至 Q_0 端。

6.5.2 寄存器的应用

寄存器的应用很广，在运算电路中可以用移位寄存器和加法器共同完成乘法、除法等运算功能；在通信电路中可以用移位寄存器将串行码转换成并行码，或将并行码转换成串行码；此外，还可以用移位寄存器构成移位寄存器型计数器和顺序码脉冲发生器等电路。

例 6.5.1 分析图 6.5.3 所示电路的逻辑功能。

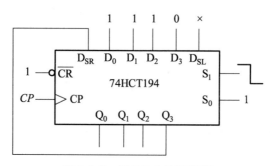

图 6.5.3　例 6.5.1 的逻辑图

解：开始工作时，$S_1=1$，$S_0=1$，74HCT194 的功能为并行送数，所以电路的初始状态为 $Q_0Q_1Q_2Q_3=D_0D_1D_2D_3=1110$。接下来，$S_1=0$，$S_0=1$，74HCT194 的功能为右移串行送数，由于 $D_{SR}=Q_3$，所以，Q_0 原来的值移至 Q_1 端，Q_1 原来的值移至 Q_2 端，Q_2 原来的值移至 Q_3 端，D_{SR}（即 Q_3 原来的值）的值移至 Q_0 端。所以 CP 端输入第一个上升沿后输出 $Q_0Q_1Q_2Q_3=0111$，第二个上升沿后输出 $Q_0Q_1Q_2Q_3=1011$，第三个上升沿后输出 $Q_0Q_1Q_2Q_3=1101$，第四个上升沿后输出 $Q_0Q_1Q_2Q_3=1110$，以此循环工作。由此可作出该电路的时序图，如图 6.5.4 所示。由该图可知，该电路的特点是输出端上的状态按一定时间、一定顺序轮流输出 0，所以该电路称为环形计数器（或脉冲配器）。

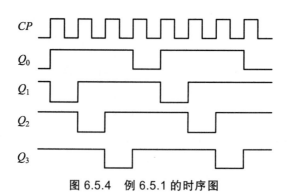

图 6.5.4　例 6.5.1 的时序图

习 题

6.1 试分析图题 6.1（a）所示时序电路，列出状态表并画出状态图。设电路的初始状态为 0，试画出图题 6.1（b）所示波形作用下 Q 的波形。

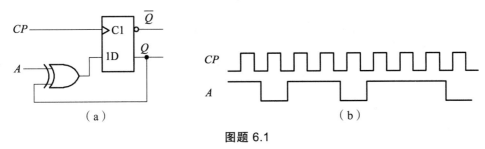

图题 6.1

6.2 试分析图题 6.2 所示时序电路，写出驱动方程和状态方程，列出状态表、画出状态图。

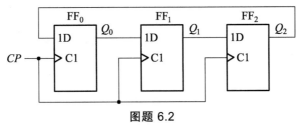

图题 6.2

6.3 试分析图题 6.3 所示时序电路，写出驱动方程和状态方程，列出状态表、画出状态图。

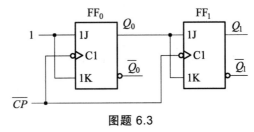

图题 6.3

6.4 试分析图题 6.4 所示时序电路，写出驱动方程和状态方程，列出状态表、画出状态图。

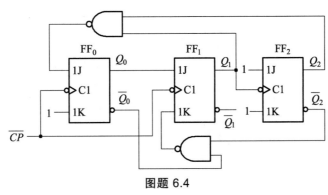

图题 6.4

6.5 试用下降沿触发的 JK 触发器设计一个同步时序电路，其状态图如图题 6.5 所示。

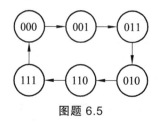

图题 6.5

6.6 用上升沿触发的 D 触发器设计一个同步 8421 BCD 加法计数器。

6.7 试画出图题 6.6 所示电路的输出（$Q_3 \sim Q_0$）的波形，并分析该电路的逻辑功能。

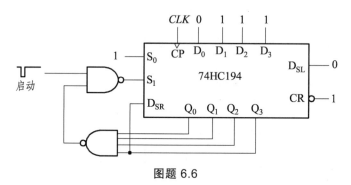

图题 6.6

6.8 设图题 6.7 中移位寄存器保存的原始信息为 1111，试问下一个时钟脉冲后，它保存什么样的信息？多少个时钟脉冲作用后，信息循环一周？

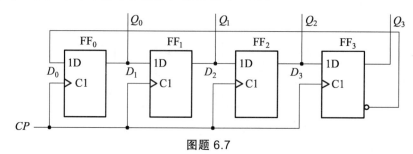

图题 6.7

6.9 试分析图题 6.8 所示的电路，画出它的状态图，并确定它的模。

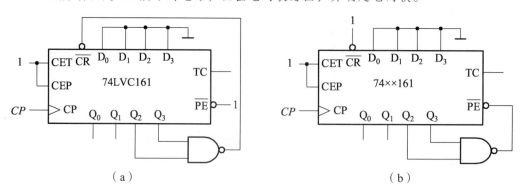

（a）　　　　　　　　　　　　（b）

图题 6.8

6.10　试分析图题 6.9 所示的电路，画出它的状态图，并确定它的模。

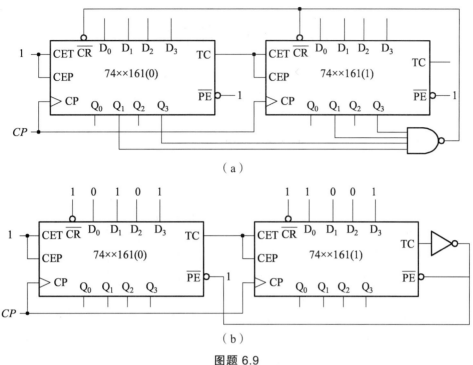

（a）

（b）

图题 6.9

6.11　用反馈清零法把 74LVC161 接成 8421 BCD 码十进制计数器。

6.12　用反馈置数法把 74LVC161 接成 8421 BCD 码十进制计数器。

6.13　试用 74LVC161 分别设计按自然二进制码计数的 24 进制计数器和按 8421 BCD 码计数的 24 进制计数器。

6.14　设计一个数字时钟，要求能用七段数码管显示从 0 时 0 分 0 秒到 11 时 59 分 59 秒之间的任意时刻。

6.15　设计一个可控的进制计数器，当输入控制变量 $A=0$ 时工作在五进制计数器，而当输入控制变量 $A=1$ 时工作在十三进制计数器。

第7章 半导体存储器

半导体存储器属于大规模集成电路，在数字系统中用来存储大量二值数据。本章介绍半导体存储器的基本结构和工作原理，以及各类存储器的特点。另外，还介绍存储器扩展存储容量的连接方法以及用存储器设计组合逻辑电路的方法。

7.1 概 述

存储器是一种能存储大量二进制信息（或称为二值数据）的半导体存储器，在电子计算机以及其他一些数字系统的工作过程中，都需要对大量的数据进行存储。而随着微电子技术的发展，半导体存储器以其容量大、存取速度快、可靠性高、外围电路简单、与其他电路配合容易等特点，在计算机和数字系统中得到了广泛的应用。它用来存放程序和大量的数据，是计算机和数字系统中非常重要的组成部分。

由于半导体存储器的存储单元数目极其庞大而器件的引脚数目有限，因此，在电路结构上就不可能像寄存器那样把每个存储单元的输入和输出直接引出。为了解决这个矛盾，在存储器中给每个存储单元编了一个地址，只有被输入地址代码选中的那些存储单元才能与公共的输入/输出引脚接通，进行数据的读出或写入。

半导体存储器的核心部分是"存储矩阵"，它由若干个"存储单元"构成；每个存储单元又包含若干个"基本存储单元"，每个基本存储单元存放 1 位二进制数据，称为一个"比特"。通常存储器以"存储单元"为单位进行数据的读写。每个"存储单元"也称为一个"字"，一个"字"中所含的位数称为"字长"。

图 7.1.1 为一个 64 位存储器的结构图，64 个正方形表示该存储器的 64 个"基本存储单元"，每 4 个"基本存储单元"构成 1 个"存储单元"，故该存储器有 16 个"字"，其"字长"为 4。这样的存储器称为 16×4 存储器。

地址	Y_0				Y_1			
	位 D	位 C	位 B	位 A	位 D	位 C	位 B	位 A
X_0								
X_1								
X_2								
X_3								
X_4	1	1	0	1				
X_5					1	0	0	1
X_6								
X_7								

图 7.1.1 64 位存储器结构

7.1.1　存储器的分类

根据存储器的性质和特点分类，存储器有不同的分类方法。

1. 根据存储器存取功能的不同分类

存储器可分为只读存储器（Read-Only Memory，简称 ROM）和随机存取存储器（Random Access Memory，简称 RAM）。

只读存储器在正常工作状态时，只能从中读取数据，而不能写入数据。ROM 的优点是电路结构简单，数据一旦固化在存储器内部后，就可以长期保存，而且在断电后数据也不会丢失，故属于数据非易失性存储器。其缺点是只适用于存储那些固定数据或程序的场合。只读存储器分为掩膜 ROM（固定 ROM）、可编程 ROM（PROM）和可擦除可编程 ROM。

随机存取存储器与只读存储器的根本区别在于：随机存储器在正常工作状态时可随时向存储器里写入数据或从中读出数据，在存储器断电后信息全部丢失，因此 RAM 也称为易失性存储器。随机存储器分为静态存储器（SRAM）和动态存储器（DRAM）。

2. 根据存储器制造工艺的不同分类

存储器可分为双极型存储器和 MOS 型存储器。双极型存储器以 TTL 触发器作为基本存储单元，具有速度快、价格高和功耗大等特点，主要用于高速应用场合，如计算机的高速缓存。MOS 型存储器是以 MOS 触发器或 MOS 电路为存储单元，具有工艺简单、集成度高、功耗小、价格低等特点，主要用于计算机的大容量内存储器。

3. 根据存储器数据的输入/输出方式不同分类

存储器可分为串行存储器和并行存储器。串行存储器中数据输入或输出采用串行方式，并行存储器中数据输入或输出采用并行方式。显然，并行存储器读写速度快，但数据线和地址线占用芯片的引脚数较多，且存储容量越大，所用引脚数目越多。串行存储器的速度比并行存储器慢一些，但芯片的引脚数目少了许多。

7.1.2　存储器的性能指标

存储器的性能指标很多，例如存储容量、存取速度、封装形式、电源电压、功耗等，但就实际应用而言，最重要的性能指标是存储器的存储容量和存取时间。下面就这两项性能指标的具体情况予以说明。

1. 存储容量

存储容量是指存储器能够容纳的二进制信息总量，即存储信息的总比特数，也称为存储器的位容量。存储器的容量 = 字数（m）× 字长（n）。存储容量较大时，字数通常采用 K、M、G 或 T 为单位。其中 $1 K = 2^{10} = 1\ 024$，$1 M = 2^{10}K = 2^{20}$，$1 G = 2^{10}M = 2^{30}$，$1 T = 2^{10}G = 2^{40}$。

设存储器芯片的地址线和数据线根数分别是 p 和 q，则该存储器芯片可编址的存储单元总数即字数为 2^{p}，字长为 q。该存储器芯片的容量为 $2^{p} \times q$ 位。例如：容量为 4 K × 8 位的存储器芯片有地址线 12 根，数据线 8 根。

2. 存取速度

存储器的存取速度可用"存取时间"和"存储周期"这两个时间参数来衡量。"存取时间"（Access Time）是指从微处理器发出有效存储器地址从而启动一次存储器读/写操作，到该操作完成所经历的时间。很显然，存取时间越短，则存取速度越快。目前，高速缓冲存储器的存取时间已小于 20 ns，中速存储器在 60 ~ 100 ns，低速存储器在 100 ns 以上。"存储周期"（memory cycle）是连续启动两次独立的存储器操作所需的最小时间间隔。由于存储器在完成读/写操作之后需要一段恢复时间，所以存储器的存储周期略大于存储器的存取时间。如果在小于存储周期的时间内连续启动两次存储器访问，那么存取结果的正确性将不能得到保证。

7.2 只读存储器（ROM）

只读存储器主要特征是工作时内容不能改变、数据不易丢失、断电后 ROM 中的内容依然存在。其常用于存放固定程序或数据。

7.2.1 ROM 的基本结构

ROM 的电路结构通常包含地址译码器、存储矩阵和输出缓冲器 3 个组成部分，如图 7.2.1 所示。

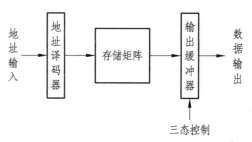

图 7.2.1 ROM 的基本结构框图

存储矩阵由许多存储单元排列组成。存储单元可以用二极管构成，也可以用双极型三极管或 MOS 管构成。每个单元能存放 1 位二进制代码（0 或 1）。每一个或一组存储单元有一个对应的地址代码。

地址译码器的作用是将输入的地址代码译成相应的控制信号，利用这个控制信号从存储矩阵中选中指定的存储单元，并将里面的数据送到输出缓存器。

输出缓冲器的作用有两个：一是提高存储器的带负载能力；二是实现对输出状态的三态控制，以便与系统的总线连接。

图 7.2.2 是一个二极管构成的 ROM 的结构示意图，图中，A_1A_0 为地址码，$\overline{OE}$ 为输出使能控制信号，$W_0 ~ W_3$ 为字线，$D_0 ~ D_3$ 为位线，所以该存储器的存储容量为 $4 \times 4 = 16$。

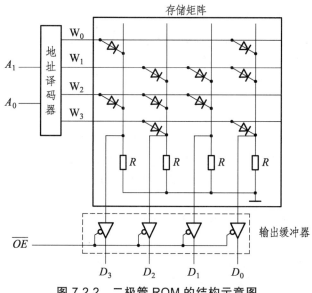

图 7.2.2 二极管 ROM 的结构示意图

读出数据时，若给定的地址码 $A_1A_0 = 00$，则地址译码器的输出中只有字线 $W_0 = 1$，则 W_0 与所有位线交叉处的二极管导通，使相应的位线变为高电平，而交叉处没有二极管的位线仍然保持低电平。此时，若 $\overline{OE} = 0$，则位线电平经输出缓冲器输出，使 $D_3D_2D_1D_0 = 1001$。同理，当 A_1A_0 分别为 01、10、11 时，依次读出各对应字中的数据分别为 0111、1111、0101。因此，该 ROM 全部地址内所存储的数据可用表 7.2.1 表示。

表 7.2.1 ROM 中存储的数据

地址		数据			
A_1	A_0	D_3	D_2	D_1	D_0
0	0	1	0	0	1
0	1	0	1	1	1
1	0	1	1	1	1
1	1	0	1	0	1

从以上分析可知，字线与位线交叉处相当于一个存储单元，此处若有二极管存在，则存储单元存储 1，否则存储为 0。

7.2.2 ROM 的分类

ROM 分为掩膜 ROM、可编程 ROM 和可擦除可编程 ROM。

1. 掩膜 ROM

掩膜 ROM 中存放的信息是由生产厂家采用掩模工艺专门为用户制作的，这种 ROM 出厂时其内部存储的信息就已经"固化"在里边了，所以也称固定 ROM。它在使用时只能读出，不能写入，因此通常只用来存放固定数据、固定程序和函数表等。

2. 可编程 ROM（PROM）

可编程 ROM 的存储矩阵由带金属熔丝的二极管构成，出厂时，PROM 存储内容全为 1（或全 0），用户根据需要，可将某些单元改写为 0（或 1）。由于熔丝烧断后不能恢复，因此 PROM 只能改写一次。

3. 可擦除可编程 ROM

PROM 虽然可以编程，但只能编程一次。而可擦除可编程 ROM 克服了 PROM 的缺点，当所存数据需要更新时，可以用特定的方法擦除并重写。可擦除可编程 ROM 可分为光可擦除可编程 ROM（EPROM）、电可擦除可编程 ROM（E^2PROM）和快闪存储器。

7.3 随机存取存储器（RAM）

随机存储器也叫可读写存储器，它可分为双极型存储器和 MOS 型存储器。双极型存储器由于集成度低、功耗大，在微型计算机系统中使用不多。目前可读写存储器 RAM 芯片几乎全是 MOS 型的。MOS 型 RAM 按工作方式不同又可分为静态 RAM（Static RAM）和动态 RAM（Dynamic RAM）。

静态 RAM 使用触发器作为存储元件，因而只要使用直流电源，就可存储数据。动态 RAM 使用电容作为存储单元，如果没有称为刷新的过程对电容再充电的话，就不能长期保存数据。当电源被移走后，SRAM 和 DRAM 都会丢失存储的数据，因此被归类为易失性内存。

数据从 SRAM 中读出的速度要比从 DRAM 中读出的速度快得多。但是，对于给定的物理空间和成本，DRAM 可以比 SRAM 存储更多的数据，因为 DRAM 单元更加简单，在给定的区域内，可以比 SRAM 集成更多的单元。

RAM 电路通常由存储矩阵、地址译码器和读/写控制电路三部分组成，其电路结构框图如图 7.3.1 所示。

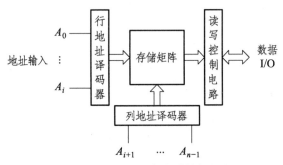

图 7.3.1   RAM 电路结构框图

存储矩阵由许多结构相同的基本存储单元排列组成，而每一个基本存储单元可以存储一位二进制数据（0 或 1），在地址译码器和读写控制电路的作用下，将存储矩阵中某些存储单元的数据读出或将数据写入某些存储单元。

地址译码器通常有字译码器和矩阵译码器两种。在大容量存储器中常采用矩阵译码器，这种译码器是将地址分为行地址和列地址两部分，分别对行地址和列地址进行译码，由它们共同选择存储矩阵中欲读/写的存储单元。

读/写控制电路的作用是对存储器的工作状态进行控制。$\overline{CS}$ 为片选输入端，低电平有效，$\overline{WE}$ 为读/写控制信号。当 $\overline{CS} = 0$ 时，RAM 为正常工作状态，若 $\overline{WE} = 1$，则执行读操作，存储单元里的数据将送到输入/输出端上；若 $\overline{WE} = 0$，则执行写操作，加到输入/输出端上的数据将写入存储单元；当 $\overline{CS} = 1$ 时，RAM 的输入/输出端呈高阻状态，这时不能对 RAM 进行读/写操作。

7.3.1　静态存储单元

根据使用的器件不同，静态存储单元分 MOS 型和双极型两种。由于 CMOS 电路静态功耗小，因此 CMOS 存储单元在 RAM 中得到了广泛的应用。

图 7.3.2 是 6 管 CMOS 静态存储单元的典型电路，图中 $T_1 \sim T_4$ 用来存储 1 位二进制数，即做存储单元用。T_5、T_6、T_7 和 T_8 为门控管。T_5、T_6 的栅极都接行选择线 X；T_7、T_8 的栅极都接同一列的列选择线 Y。当 X、Y 皆为 1 时，门控管导通，此单元被选中，存储单元与数据线接通，可以执行读出或写入操作。当 $X = 0$ 或 $Y = 0$ 时，存储单元与数据线隔离，内部信息保持原状态不变。

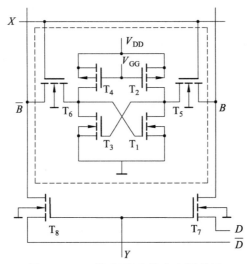

图 7.3.2　6 管 CMOS 静态存储单元

7.3.2　动态存储单元

静态存储单元不论何时总有一个管子导通，要消耗一定功率，对于容量较大的存储器，总的功耗就会很大。另外，由于每个单元要用 6 个管子，在集成电路中占的面积也大。为减小芯片尺寸，降低功耗，常利用电容的电荷存储效应来组成动态存储器。MOS 动态存储单元有四管单元、三管单元和单管单元等形式。4K 以上容量的 DRAM 大多采用单管电路，下面介绍单管存储单元的工作原理。

电路如 7.3.3 所示。图中，T 为门控管，C_s 为寄生电容，C_d 为数据线的分布电容。其工作原理如下。

写入信息：通过地址译码器使欲写入的字线 W 为高电平，T 导通。若写入 "0"，则在数据线 D 上加低电平，使 C_s 上的电荷接近放完，即写入 "0"；若数据线 D 上加高电平，对 C_s 充电，即写入 "1"。

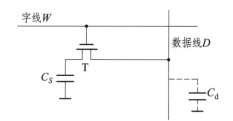

图 7.3.3　单管动态存储单元

保持：字线 W 为低电平时，门控管 T 截止，切断了 C_s 的导电通路，保持了 C_s 存储的信息。C_s 充有电荷表示存在"1"信息，C_s 没有电荷表示存有"0"信息。

读出信息：通过地址译码器使欲读出的字线 W 为高电平，T 导通，则 C_s 上所存信息通过 T 被读到数据线 D 上，再经读出放大器输出。

由于寄生电容的容量很小（只有几个皮法）且有漏电流，所以电荷的存储时间有限。为了及时补充泄漏掉的电荷，以避免存储信息的丢失，在读出时必须立即进行重写，给电容补充电荷，这种操作称为刷新或再生。动态 MOS 存储单元的电路结构比较简单，但工作时必须辅以刷新电路。

由于动态存储单元电路结构简单，故可达到较高的集成度，但动态存储器存取数据的速度比静态存储器慢得多。

在进行写操作时，被行选择信号、列选择信号所选中的单管动态 RAM 存储电路的 MOS 管 T 导通，通过刷新放大器和 T 管，外部数据输入/输出线上的数据被送到电容 C 上保存。

由于任何电容均存在漏电效应，所以经过一段时间后电容上的电荷会流失殆尽，所存信息也就丢失了。尽管每进行一次读/写操作实际上是对单管动态存储电路信息的一次恢复或增强，但是读/写操作的随机性不可能保证在一定时间内内存中所有的动态 RAM 基本存储单元都会有读/写操作。对电容漏电而引起信息丢失这个问题的解决办法是定期地对内存中所有动态 RAM 存储单元进行刷新（refresh），使原来表示逻辑"1"电容上的电荷得到补充，而原来表示逻辑"0"的电容仍保持无电荷状态。所以刷新操作并不改变存储单元的原存内容，而是使其能够继续保持原来的信息存储状态。

刷新是逐行进行的，当某一行选择信号为高电平时，选中了该行，则该行上所连接的各存储单元中电容上的电压值都被送到各自对应的刷新放大器，刷新放大器将信号放大后又立即重写到电容 C。显然，某一时间段内只能刷新某一行，这种刷新操作只能逐行进行。由于按行刷新时列选择信号总是为低电平，则由列选择信号所控制的 MOS 管不导通，所以电容上的信息不会被送到外部数据输入/输出线上。

一个由单管基本存储单元电路及相关外围控制电路构成的动态 RAM 存储阵列如图 7.3.4 所示。由该图可见，整个存储阵列由 1024 行、1024 列构成，具有 1M×1 组织的 1048576 位（1M 位）DRAM 的方块图。

与静态 RAM 相比，动态 RAM 基本存储单元所用的 MOS 管少，从而可以提高存储器的存储密度并降低功耗。动态 RAM 的缺点是存取速度比静态 RAM 慢，需要定时刷新，因此必须增加相应的刷新支持电路。但由于 DRAM 的高存储密度、低功耗及价格便宜等突出优点，使之非常适合在需要大容量的系统中用作主存储器。现代计算机均采用各种类型的 DRAM 作为可读写主存。

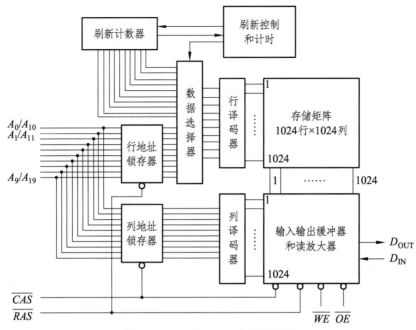

图 7.3.4　动态 RAM 存储器阵列

7.4　存储器容量扩展

7.4.1　存储器的位扩展法

存储器的位扩展法也称为位并联法。采用这种方法构成存储器时，各存储器芯片连接的地址信号是相同的，而存储器芯片的数据线则分别作为扩展后的数据线。扩展后的存储器实际上没有片选的要求，只进行数据位的扩展，整个存储器的字数与单片存储器的字数是相同的。在存储器工作时，各芯片同时进行相同的操作。

例 7.4.1　用 1K×8 位的 RAM 扩展成容量为 1K×16 位的存储器。

解：需要的芯片数量为 1K×16/1K×8 = 2 片

连接的方法非常简单，只需将 2 片的所有地址线、$\overline{WE}$、$\overline{CS}$ 分别并联起来，并引出所有的数据线就行了。其连接图如图 7.4.1 所示。ROM 芯片的位扩展方法和 RAM 完全相同。

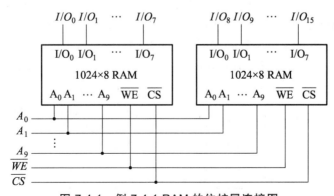

图 7.4.1　例 7.4.1 RAM 的位扩展连接图

7.4.2　存储器字扩展法

存储器的字扩展法也称为地址串联法。采用这种方法构成存储器时，只在字的方向上进行扩展，而存储器的位数不变。整个存储器位数等于单片存储器的位数。扩展的方法是将地址分成两部分，一部分低位地址和每个存储器芯片的地址并联连接，另一部分高位地址通过片选译码器译码后与各存储器的片选信号连接，各存储器的数据线中对应位连接在一起。

在存储器工作时，由于译码器的输出信号任何时刻只有一位输出有效，因此根据高位地址译码产生的芯片控制信号只能选中一片存储器，其余未选中的存储器芯片不参加操作。

例 7.4.2　用 256×8 位的 RAM 扩展成容量为 $1K \times 8$ 位的存储器。

解：需要的芯片数量为 $1K \times 8/256 \times 8 = 4$ 片，其连接图如图 7.4.2 所示。

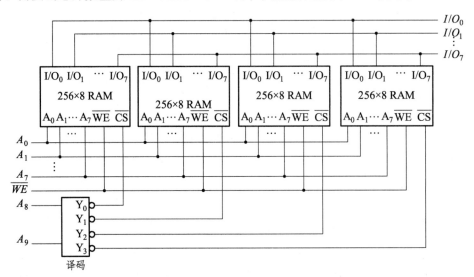

图 7.4.2　例 7.4.2 RAM 的字扩展连接图

上述扩展法同样也适用于 ROM 电路的扩展。如果一片 ROM 或 RAM 的字数和位数都不够用，则需要进行字、位扩展，字、位扩展的方法是先进行位扩展（或字扩展）再进行字扩展（或位扩展），这样就可以满足更大存储容量的要求。

7.5　用存储器实现组合逻辑函数

从逻辑器件的角度理解，可编程 ROM 的基本结构是由一个固定连接的与门阵列（它被连接成一个译码器）和一个可编程的或门阵列（存储矩阵）所组成，如图 7.5.1 所示。n 个输入为 ROM 的地址线，m 个输出为 ROM 的数据线。

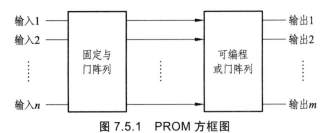

图 7.5.1　PROM 方框图

图 7.5.2 所示为一个 PROM 的结构示意图，与图 7.5.1 相对应。图中的与门阵列构成一个两变量的地址译码器：

$$W_0 = \overline{A_1}\,\overline{A_0} \qquad W_1 = \overline{A_1}A_0 \qquad W_2 = A_1\overline{A_0} \qquad W_3 = A_1A_0$$

上述关系出厂前已固定，用户不能改变。图中的或门阵列可由用户进行编程（即使各线的交叉点连接或不连接）来实现各数据输出 D_i（$i = 0 \sim 3$）与译码器输出 W_0、W_1、W_2 及 W_3 之间的或逻辑关系。

若将存储器的地址线作为输入变量，将存储器的数据线作为输出变量，则地址线经与门阵列可产生输入变量的全部最小项，每一个输出变量就是若干个最小项之和。因而任何形式的组合逻辑电路均能通过对 ROM 进行编程来实现。

由此可知，采用 n 位地址输入、m 位数据输出的可编程 ROM，可以实现一组任何形式的 n 变量的组合逻辑电路，这个原理也适用于 RAM。

在用 PROM 实现逻辑函数时，通常采用一种简化的画法，即将或门阵列中 W_i 线和 D_j 线的交叉处用 "*" 点表示可编程连接点，存储的信息为 "1"；不画点表示此处不连接，此图也称为点阵图。

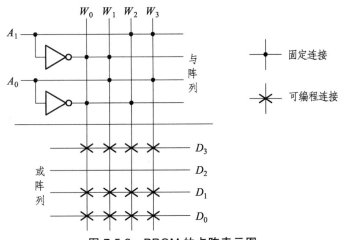

图 7.5.2　PROM 的点阵表示图

例 7.5.1　用 16×4 位的 PROM 实现下列逻辑函数，画出点阵图。

$$F_1 = ABC + \overline{A}(B + C)$$
$$F_2 = \overline{A}\,\overline{B} + \overline{A}B$$
$$F_3 = AB\overline{C}D + A\overline{B}C\overline{D} + \overline{A}BCD + ABCD$$
$$F_4 = ABC + ABD$$

解：先将逻辑函数表达式转换成最小项表达式，即有：

$$F_1 = AB\overline{C} + \overline{A}(B + C) = \sum m(2,3,4,5,6,7,14,15)$$

$$F_2 = A\overline{B} + \overline{A}B = \sum m(4,5,6,7,8,9,10,11)$$

$$F_3 = AB\overline{C}D + A\overline{B}C\overline{D} + \overline{A}BCD + ABCD = \sum m(7,10,13,15)$$

$$F_4 = ABC + ABD = \sum m(13,14,15)$$

画存储器点阵图，如图 7.5.3 所示.。

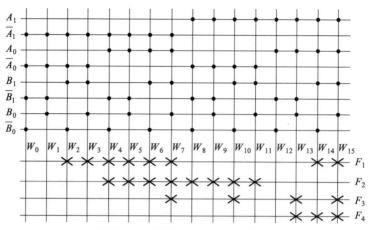

图 7.5.3　例 7.5.1PROM 点阵图

习　题

7.1　指出下列存储器有多少根地址线，多少根数据线和多少个存储单元。

（1）64K×8　　　（2）256K×1　　　（3）512K×16　　　（4）1M×4

7.2　设存储器的起始地址为全 0，试指出下列存储器的最高地址的十六进制地址码为多少。

（1）1K×8　　　（2）32K×4　　　（3）128K×16　　　（4）2M×1

7.3　试用 1K×4 位的 RAM 构成 1K×8 位的存储器，画出其连线图。

7.4　试用 1K×4 位的 RAM 构成 2K×4 位的存储器，画出其连线图。

7.5　试用 1K×4 位的 RAM 构成 2K×8 位的存储器，画出其连线图。

7.6　用 PROM 实现下列多输出函数，画出阵列图。

$$F_1 = \overline{B}C\overline{D} + \overline{A}\,\overline{B}C + A\overline{B}C + \overline{A}BD + ABD$$

$$F_2 = B\overline{D} + A\overline{B}D + \overline{A}CD + \overline{A}\,\overline{B}\,\overline{D} + A\overline{B}C\overline{D}$$

$$F_3 = \overline{A}B\overline{C}D + \overline{A}CD + AB\overline{C}\overline{D} + A\overline{B}CD + A\overline{B}C$$

$$F_4 = BD + \overline{B}\,\overline{D} + ACD$$

7.7　PROM 实现的组合逻辑函数如图题 7.1 所示。

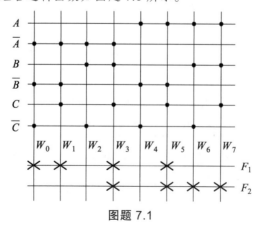

图题 7.1

（1）分析电路功能，说明当 ABC 取何值时，函数 $F_1 = F_2 = 1$；

（2）当 ABC 取何值时，函数 $F_1 = F_2 = 0$。

7.8　利用 ROM 构成的任意波形发生器如图题 7.8 所示，改变 ROM 的内容，即可改变输出波形。当 ROM 的内容如题表 7.1 所示时，画出输出端随 CP 变化的波形。

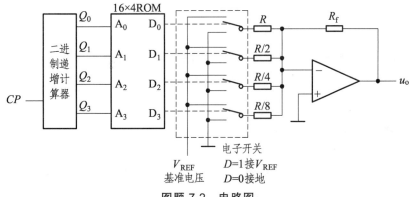

图题 7.2　电路图

题表 7.1　题 7.8 的 ROM 内容

A_3	A_2	A_1	A_0	D_3	D_2	D_1	D_0
0	0	0	0	0	1	0	0
0	0	0	1	0	1	0	1
0	0	1	0	0	1	1	0
0	0	1	1	0	1	1	1
0	1	0	0	1	0	0	0
0	1	0	1	0	1	1	1
0	1	1	0	0	1	1	0
1	1	1	1	0	1	0	1
1	0	0	0	0	1	0	0
1	0	0	1	0	0	1	1
1	0	1	0	0	0	1	0
1	0	1	1	0	0	0	1
1	1	0	0	0	0	0	0
1	1	0	1	0	0	0	1
1	1	1	0	0	0	1	0
1	1	1	1	0	0	1	1

7.9　用 PROM 实现全加器，画出阵列图，确定 PROM 的容量。

第8章 脉冲波形的产生和整形

本章主要介绍矩形脉冲波形的产生和整形电路，包括单稳态触发电路和施密特触发器、多谐振荡器的基本原理，及555定时器和用它构成各种触发器和振荡器的方法。

8.1 概　述

矩形脉冲波形的获得主要有两种途径：一种是利用多谐振荡器电路直接产生矩形脉冲，另一种则是通过整形电路将已有的周期性变化波形变换为符合要求的矩形脉冲。当然，在采用整形的方法获取矩形脉冲时，是以能够找到频率和幅度都符合要求的一种已有电压信号为前提的。

在同步时序电路中，作为时钟信号的矩形脉冲控制和协调着整个系统的工作。因此，时钟脉冲的特性直接关系到系统能否正常工作。为了定量描述矩形脉冲的特性，通常给出图8.1.1中所标注的几个主要参数。这些参数是：

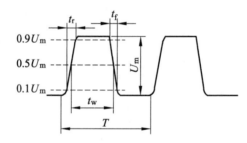

图 8.1.1　描述矩形脉冲的主要参数

脉冲周期 T——周期性重复的脉冲序列中，两个相邻脉冲之间的时间间隔。有时也使用频率 $f=\dfrac{1}{T}$ 表示单位时间内脉冲重复的次数。

脉冲幅度 U_m——脉冲电压的最大变化幅度。

脉冲宽度 t_w——从脉冲上升沿 $0.5U_m$ 到脉冲下降沿 $0.5U_m$ 为止的一段时间。

上升时间 t_r——脉冲上升沿从 $0.1U_m$ 上升到 $0.9U_m$ 所需要的时间。

下降时间 t_f——脉冲下降沿从 $0.9U_m$ 下降到 $0.1U_m$ 所需要的时间。

占空比 q——脉冲宽度与脉冲周期的比值，亦即 $q=t_w/T$。

此外，在将脉冲整形或产生电路用于具体的数字系统时，有时还可能有一些特殊的要求，例如脉冲周期和幅度的稳定性，等等。这时还需要增加一些相应的性能参数来说明。

8.2　单稳态触发器

单稳态触发器的工作特性具有如下的特点：

（1）电路有稳态和暂稳态两个不同的工作状态。

（2）在外界触发脉冲作用下，能从稳态翻到暂稳态，在暂稳态维持一段时间后，再自动返回稳态。

（3）暂稳态维持时间的长短取决于电路的 *RC* 延时环节的参数值，与触发脉冲的宽度和幅度无关，是一个不能长久保持的状态。

由于具备这些特点，单稳态触发器被广泛应用于脉冲整形、延时（产生滞后于触发脉冲的输出脉冲）以及定时（产生固定时间宽度的脉冲信号）等。

8.2.1　用门电路组成单稳态触发器

单稳态触发器的暂稳态通常都是靠 *RC* 电路的充、放电过程来维持的。根据 *RC* 电路的不同接法（即接成微分电路形式或积分电路形式），又把单稳态触发器分为微分型和积分型两种。

下面主要介绍微分型单稳态触发器。

微分型单稳态触发器可由与非门或或非门电路构成，如图 8.2.1 所示，是用 CMOS 门电路和 *RC* 微分电路构成的微分型单稳态触发器。由于构成单稳态触发器的两个逻辑门由 *RC* 耦合，并且为微分电路方式，故称之为微分型单稳态触发器。

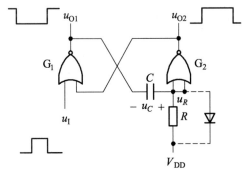

图 8.2.1　由或非门构成的微分型单稳态触发器

对于 CMOS 电路，可以近似地认为 $U_{OH} \approx V_{DD}$、$U_{OL} \approx 0$。在稳态下，u_I 为低电平。由于门 G_2 的输入端电阻 R 接至 V_{DD}，因此 u_{O2} 为低电平；G_1 的两个输入均为低电平，故输出 u_{O1} 为高电平，电容两端的电压接近 0 V，这是电路的"稳态"。在触发信号到来之前，电路一直处于这个状态：$u_{O1} = U_{OH}$，$u_{O2} = U_{OL}$，电容 C 上没有电压。

当触发脉冲 u_I 加到输入端正跳变时，G_1 的输出 u_{O1} 由高变低，经电容 C 耦合，使 u_R 为低电平，于是 G_2 的输出 u_{O2} 变为高电平。u_{O2} 的高电平接至 G_1 门的输入端，将引发如下的正反馈过程：

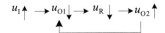

使 u_{O1} 迅速跳变为低电平。此时，即使触发信号 u_I 撤除，由于电容上的电压不可能发生突跳，所以 u_R 也同时跳变至低电平，并使 u_{O2} 跳变为高电平，u_{O1} 由于 u_{O2} 的作用仍维持低电平，电路进入暂稳态。$u_{O1} = U_{OL}$，$u_{O2} = U_{OH}$。

与此同时，电容 C 开始充电。随着充电过程的进行，u_R 逐渐升高，当升至 $u_R = U_{TH}$ 时，又引发另外一个正反馈过程（u_I 已消失）：

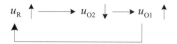

如果这时触发脉冲已消失（u_I 已回到低电平），则 u_{O1}、u_R 迅速跳变为高电平，并使输出返回 $u_{O2} = 0$ 的状态。同时，电容 C 通过电阻 R 和门 G_2 的输入保护电路向 V_{DD} 放电，直至电容上的电压为 0，电路恢复到稳定状态。

根据以上的分析，即可画出电路中各点的电压波形，如图 8.2.2 所示。

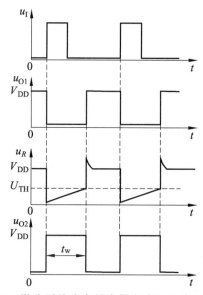

图 8.2.2　微分型单稳态触发器各点工作电压波形图

为了定量地描述单稳态触发器的性能，经常使用输出脉冲宽度 t_w、输出脉冲幅度 V_m、恢复时间 t_{re}、分辨时间 t_d 等几个主要参数。

1. 输出脉冲宽度 t_w

由图 8.2.2 可见，输出脉冲宽度 t_w 等于从电容 C 开始充电到 u_R 上升至 U_{TH} 的这段时间，等效电路如图 8.2.3 所示。图中的 R_{ON} 是或非门 G_1 输出低电平时的输出电阻。在 $R_{ON} \ll R$ 的情况下，等效电路可以简化为简单的 RC 串联电路。

$$u_R(0^+) = 0 \qquad u_R(\infty) = V_{DD} \qquad \tau = RC$$

根据 RC 电路瞬态过程的分析，可得到

$$u_R(t) = u_R(\infty) + [u_R(0^+) - u_R(\infty)]e^{-\frac{t}{\tau}} \qquad\qquad (8.2.1)$$

当 $t = t_{\mathrm{w}}$ 时，$u_{\mathrm{R}}(t_{\mathrm{w}}) = U_{\mathrm{TH}}$ 代入式（8.2.1）得到

$$t_{\mathrm{w}} = RC \ln \frac{V_{\mathrm{DD}} - 0}{V_{\mathrm{DD}} - U_{\mathrm{TH}}}$$

当 $U_{\mathrm{TH}} = V_{\mathrm{DD}} / 2$ 时

$$t_{\mathrm{w}} = RC \ln 2 = 0.69 RC \qquad (8.2.2)$$

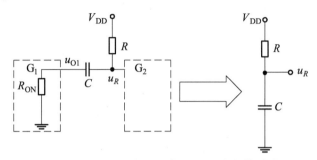

图 8.2.3　图 8.2.1 电路中电容 C 充电的等效电路

2. 输出脉冲的幅度

输出脉冲的幅度为

$$U_{\mathrm{m}} = U_{\mathrm{OH}} - U_{\mathrm{OL}} \approx V_{\mathrm{DD}} \qquad (8.2.3)$$

3. 恢复时间 t_{re}

在 u_{O2} 返回低电平以后，还要等到电容 C 放电完毕电路才恢复为起始的稳态。一般认为经过 3～5 倍于电路时间常数的时间以后，RC 电路已基本达到稳态。图 8.2.1 电路中电容 C 放电的等效电路如图 8.2.4 所示。图中的 D 是反相器 G_2 输入保护电路中的二极管。如果 D 的正向导通电阻比 R 和门 G_1 的输出电阻 R_{ON} 小得多，则恢复时间为

$$t_{\mathrm{re}} \approx (3 \sim 5) R_{\mathrm{ON}} C \qquad (8.2.4)$$

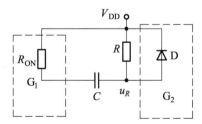

图 8.2.4　图 8.2.1 电路中电容 C 放电的等效电路

4. 工作的最高频率 $f_{\max}$

分辨时间 t_{d} 是指在保证电路能正常工作的前提下，允许两个相邻触发脉冲之间的最小时间间隔，故有

$$t_{\mathrm{d}} = t_{\mathrm{w}} + t_{\mathrm{re}} \qquad (8.2.5)$$

最高工作频率为

$$f_{\max} = \frac{1}{T_{\min}} < \frac{1}{t_{\mathrm{d}}} \qquad\qquad (8.2.6)$$

微分型单稳态触发器可以用窄脉冲触发。在 u_{I} 的脉冲宽度大于输出脉冲宽度的情况下，电路仍能工作，但是输出脉冲的下降沿较差。因为在 u_{O2} 返回低电平的过程中，u_{I} 输入的高电平还存在，所以电路内部不能形成正反馈。

8.2.2　集成单稳态触发器

用门电路组成的单稳态触发器虽然电路简单，但输出脉宽的稳定性差，调节范围小，且触发方式单一。鉴于单稳态触发器的应用十分普遍，在 TTL 电路和 CMOS 电路的产品中，都生产了单片集成的单稳态触发器器件。

使用这些器件时只需要很少的外接元件和连线，而且由于器件内部电路一般还附加了上升和下降沿触发的控制和置零等功能，使用极为方便。此外，由于将元、器件集成于同一芯片上，并且在电路上采取了温漂补偿措施，所以电路的温度稳定性比较好。

集成单稳态触发器根据电路及工作状态不同，分为可重复触发器和不可重复触发器两种。它们的不同是：不可重复触发单稳态触发器，在进入暂稳态期间，如有触发脉冲作用，电路的工作过程不受其影响；只有当电路的暂稳态结束后，输入触发脉冲才会影响电路状态。电路输出脉宽由 R、C 参数确定，如图 8.2.5（a）所示。而可重复单稳态触发器在暂稳态期间，如有触发脉冲作用，电路会重新被触发，使暂稳态继续延迟一个 t_{Δ} 时间，使输出脉冲再继续维持一个 t_{w} 宽度，直至触发脉冲的间隔超过单稳态输出脉宽，电路才返回稳态，如图 8.2.5（b）所示。

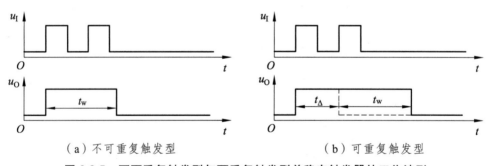

（a）不可重复触发型　　　　　　　　　（b）可重复触发型

图 8.2.5　不可重复触发型与可重复触发型单稳态触发器的工作波形

74121、74221、74LS121 都是不可重复触发的单稳态触发器。属于可重触发的触发器有 74122、74LS122、74123、74LS123 等。

有些集成单稳态触发器上还设置有复位端（例如 74221、74122、74123 等）。通过在复位端加入低电平信号能立即终止暂稳态过程，使输出端返回低电平。

1. 不可重复触发的集成单稳态触发器

TTL 集成器件 74121 是一种不可重复触发集成单稳态触发器，图 8.2.6 是简化的原理性逻辑图。它是在普通微分型单稳态触发器的基础上附加以输入控制电路和输出缓冲电路而形成的。

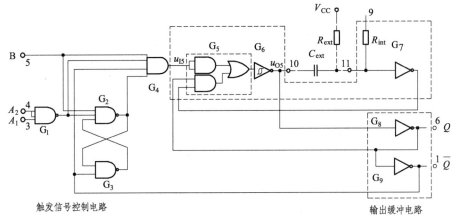

图 8.2.6　集成单稳态触发器 74121 的逻辑图

将具有迟滞特性的非门 G_5、G_6 合起来看成是一个或非门，它们与 G_7、外接电阻 R_{ext} 和外接电容 C_{ext} 组成微分型单稳态触发器。如果把 G_5 和 G_6 合在一起视为一个具有施密特触发特性的或非门，则这个电路与图 8.2.1 所讨论过的微分型单稳态触发器基本相同。它用 G_4 给出的正脉冲触发，输出脉冲的宽度由 R_{ext} 和 C_{ext} 的大小决定。

门 $G_1 \sim G_4$ 组成的输入控制电路用以实现上升沿触发或下降沿触发的控制。需要用上升沿触发时，触发脉冲由 B 端输入，同时 A_1 或 A_2 当中至少要有一个接至低电平。当触发脉冲的上升沿到达时，因为门 G_4 的其他三个输入端均处于高电平，所以 u_{15} 也随之跳变为高电平，并触发单稳态电路使之进入暂稳态，输出端跳变为 $Q = 1$、$\overline{Q} = 0$。与此同时，$\overline{Q}$ 的低电平立即将门 G_2 和 G_3 组成的触发器置零，使 u_{15} 返回低电平，将 G_4 门封锁。这样即使有触发信号输入，u_{15} 仍保持不变，只有等电路返回稳态后，电路才会在输入触发信号作用下再次触发，电路属于不可重复单稳态触发器。

在需要用下降沿触发时，触发脉冲则应由 A_1 或 A_2 输入（另一个应接高电平），同时将 B 端接高电平。触发后电路的工作过程和上升沿触发时相同。

表 8.2.1 是 74121 的功能表，图 8.2.7 是 74121 在触发脉冲作用下的波形图。

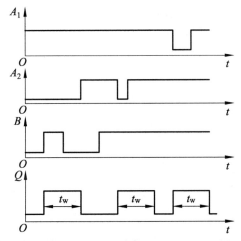

图 8.2.7　集成单稳态触发器 74121 的工作波形图

表 8.2.1 集成单稳态触发器 74121 的功能表

输入			输出	
A_1	A_2	B	Q	$\overline{Q}$
L	×	H	L	H
×	L	H	L	H
×	×	L	L	H
H	H	×	L	H
H	↓	H	⎍	⎍
↓	H	H	⎍	⎍
↓	↓	H	⎍	⎍
L	×	↑	⎍	⎍
×	L	↑	⎍	⎍

输出缓冲电路由反相器 G_8 和 G_9 组成，用于提高电路的带负载能力。

根据门 G_6 输出端的电路结构和门 G_7 输入端的电路结构，可以求出计算输出脉冲宽度的公式为

$$t_w \approx R_{ext} C_{ext} \ln 2 = 0.69 R_{ext} C_{ext} \qquad (8.2.10)$$

通常 R_{ext} 的取值在 $2 \sim 30 \text{ k}\Omega$ 之间，C_{ext} 的取值在 $10 \text{ pF} \sim 10 \text{ μF}$ 之间，得到的 t_w 范围可达 $20 \text{ ns} \sim 200 \text{ ms}$。

另外，还可以使用 74121 内部设置的电阻 R_{int} 取代外接电阻 R_{ext}，以简化外部接线。不过因 R_{int} 的阻值不太大（约为 $2 \text{ k}\Omega$），所以在希望得到较宽的输出脉冲时，仍需使用外接电阻。图 8.2.8 示出了使用外接电阻和内部电阻时电路的连接方法。

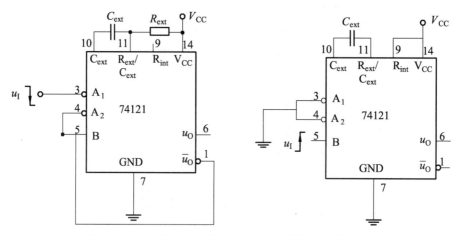

图 8.2.8 集成单稳态触发器 74121 的外部连接方法

2. 可重复触发集成单稳态触发器

现以 MC14528 为例介绍一下 CMOS 可重复触发集成单稳态触发器的工作原理。图 8.2.9 是 MC14528 的逻辑图。由图可见，除去外接电阻 R_{ext} 和外接电容 C_{ext} 以外，MC14528 本身包含三个组成部分：门 G_{10}、G_{11}、G_{12} 和 T_1（P 沟道）、T_2（N 沟道）组成的三态门；门 $G_1 \sim G_9$ 组成的输入控制电路；门 $G_{13} \sim G_{16}$ 组成的输出缓冲电路。TR_+ 为下降沿触发输入端，TR_- 为上升沿触发输入端，R_D 为置零输入端，Q 和 $\bar{Q}$ 是两个互补输出端。

电路的核心部分是由积分电路（R_{ext} 和 C_{ext}）、三态门和三态门的控制电路构成的积分型可重复触发单稳态触发器。

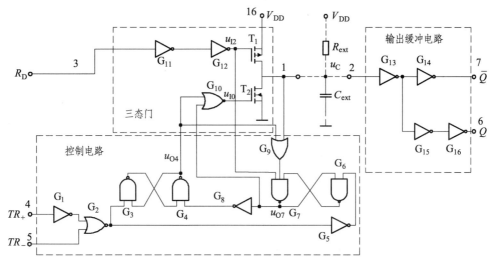

图 8.2.9　集成单稳态触发器 MC14528 的逻辑图

1）稳 态

在没有触发信号时（$R_D = \times$、$TR_+ = 1$、$TR_- = \times$），电路处于稳态；若接通电源后电容还未充电（$u_C = 0\,V$），此时门 G_4 的输出 u_{O4} 一定为高电平。倘若接通电源后 G_3 和 G_4 组成的触发器停在了 u_{O4} 等于低电平，由于电容上的电压开始接通时 $u_C = 0\,V$，则在 u_{O4} 和 u_C 的共同作用下，门 G_9 输出低电平并使 G_7 输出为高电平、G_8 输出为低电平，于是 u_{O4} 被置成高电平，这时 G_{10} 输出为低电平而 G_{12} 输出为高电平，$u_{10} = U_{OL}$、$u_{12} = U_{OH}$，T_1、T_2 同时截止，V_{DD} 经 R_{ext} 对 C_{ext} 充电，当 u_C 大于 U_{TH13}，最终稳定在 $u_C = V_{DD}$ 时，$Q = 0$，$\bar{Q} = 1$，电路处于稳态。同样，当 $R_D = \times$、$TR_+ = \times$、$TR_- = 0$ 时，G_5 门输出低电平，使 G_6、G_7 门组成的基本 RS 触发器的 u_{O7} 为低电平，经 G_8 反相后使 u_{O4} 处于高电平，电路稳定在稳态不变。

2）触发与定时

在 $R_D = 1$ 采用上升沿触发时，从 TR_- 端加入正的触发脉冲（TR_+ 保持为高电平），G_3 和 G_4 组成的触发器立即被置成 $u_{O4} = U_{OL}$ 的状态，由于 $u_{O7} = U_{OL}$，从而使 G_{10} 的输出变为高电平，T_2 导通，C_{ext} 开始放电。当 u_C 下降到 G_{13} 的转换电平 U_{TH13} 时，输出状态改变，成为 $Q = 1$、$\bar{Q} = 0$，电路进入暂稳态。

但这种状态不会一直持续下去，当 u_C 进一步下降，降至 G_9 的阈值电压 U_{TH9} 时，G_9 的输出变成低电平，并通过 G_8 将 u_{O4} 置成高电平，于是 T_2 截止，C_{ext} 又重新开始充电。当 u_C 充

电到 U_{TH13} 时，输出端返回 $Q = 0$、$\overline{Q} = 1$ 的状态。C_{ext} 继续充电至 V_{DD} 以后，电路又恢复为稳态。MC14528 功能表如表 8.2.2 所示。

表 8.2.2　集成单稳态触发器 MC14528 的功能表

输入			输出		功能
R_D	TR_+	TR_-	Q	$\overline{Q}$	
L	×	×	L	H	清除
×	H	×	L	H	禁止
×	×	L	L	H	禁止
H	H	↑	⊓	⊔	单稳
H	↓	L	⊓	⊔	单稳

　　图 8.2.10 中给出了 u_C 和 Q 在触发脉冲作用下的工作波形。由图可见，输出脉冲宽度 t_w 等于 u_C 从 U_{TH13} 下降到 U_{TH9} 的放电时间与 u_C 再从 U_{TH9} 充电到 U_{TH13} 的充电时间之和。为了获得较宽的输出脉冲，一般都将 U_{TH13} 设计得较高而将 U_{TH9} 设计得较低。

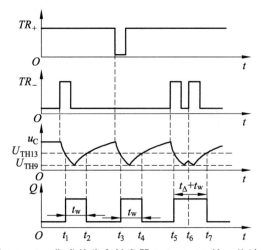

图 8.2.10　集成单稳态触发器 MC14528 的工作波形

　　分析图中 $t_5 \sim t_7$ 的工作情况，在 t_5 时刻电路被触发进入暂态，电容很快放电后，又进入充电状态。当 u_C 未充电到 U_{TH13} 时，t_6 时刻电路被再次触发，G_2 门的低电平使 $u_{O4} = U_{OL}$，G_{10}门输出高电平，T_2 管导通，电容 C 又放电；当放电使 $u_C \ll U_{TH9}$ 时，G_{10} 门输出低电平，T_2管截止，电容又充电；一直充到 U_{TH13} 且在无触发信号作用时，电路才返回至稳态。显然，在这两个重复脉冲触发下，输出脉冲宽度 $t_w' = t_\Delta + t_w$。这种重复触发单稳可利用在暂稳态加触发脉冲的方法增加输出脉宽。

　　在要求用下降沿触发时，应从 TR_+ 端输入负的触发脉冲，同时令 TR_- 端保持在低电平。利用 R_D 端加入低电平信号，这时 T_1 导通、T_2 截止，C_{ext} 通过 T_1 迅速充电到 V_{DD}，使 $Q = 0$。

8.3 施密特触发器

施密特触发器（Schmitt Trigger）是脉冲波形变换中经常使用的一种电路。它在性能上有两个特点：

（1）输入信号从低电平上升的过程与输入信号从高电平下降的过程的阈值电压不同，即电路状态转换时对应的转换电平不同。

（2）它属于电平触发，对于缓慢变化的信号仍然适用，在电路状态转换时，通过电路内部的正反馈过程使输出电压波形的边沿变得很陡，即输出电压会发生突变。

利用这两个特点不仅能将边沿变化缓慢的信号波形整形为边沿陡峭的矩形波，而且可以将叠加在矩形脉冲高、低电平上的噪声有效地清除。

8.3.1 门电路组成的施密特触发器

由 CMOS 门组成的施密特触发器如图 8.3.1（a）所示，将两级 CMOS 反相器串联起来，同时通过分压电阻把输出端的电压反馈到输入端，就构成了施密特触发器。

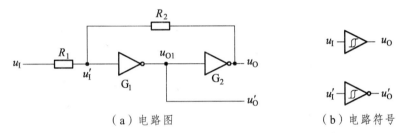

（a）电路图　　　　　　　（b）电路符号

图 8.3.1　用 CMOS 反相器构成的施密特触发器

假定反相器 G_1 和 G_2 是 CMOS 电路，它们的阈值电压为 $U_{TH} \approx \frac{1}{2}V_{DD}$，且 $R_1 < R_2$，输入信号 u_I 为三角波。由电路可以看出，G_1 门的输入电平 u_I' 决定电路的状态，根据叠加原理有

$$u_I' = \frac{R_2}{R_1 + R_2} \cdot u_I + \frac{R_1}{R_1 + R_2} \cdot u_O \tag{8.3.1}$$

当 $u_I = 0$ 时，G_1、G_2 构成正反馈电路，$u_O = U_{OL} \approx 0$。这时 G_1 的输入 $u_I' \approx 0$，G_1 门截止，G_2 门导通。当 u_I 从 0 逐渐升高并达到 $u_I' = U_{TH}$ 时，由于 G_1 进入了电压传输特性的转折区（放大区），所以 u_I' 的增加将引发如下的正反馈过程

$$u_I' \uparrow \longrightarrow u_{O1} \downarrow \longrightarrow u_O \uparrow$$

于是电路的状态迅速地转换为 $u_O = U_{OH} \approx V_{DD}$。由此便可以求出 u_I 上升过程中电路状态发生转换时对应的输入电平 U_{T+}，称为正向阈值电压。由式（8.3.1）得

$$u_I' = U_{TH} \approx \frac{R_2}{R_1 + R_2}U_{T+} \tag{8.3.2}$$

所以

$$U_{T+} = \frac{R_1 + R_2}{R_2} U_{TH} = \left(1 + \frac{R_1}{R_2}\right) U_{TH} \qquad (8.3.3)$$

当 $u_I' = U_{TH}$ 时，电路维持在 $u_O = U_{OH} \approx V_{DD}$ 不变。

u_I 继续上升至最大值 V_{DD} 后逐渐开始下降并达到 $u_I' = U_{TH}$ 时，u_I' 的下降会引发又一个正反馈过程

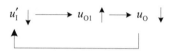

这样电路的状态迅速转换为 $u_O = U_{OL} \approx 0$ V 状态。此时的输入电平为 u_I 减小过程中电路状态发生转换时对应的输入电平，称为负向阈值电压，由 U_{T-} 表示。根据式（8.3.1）可得：

$$u_I' = U_{TH} \approx V_{DD} - (V_{DD} - U_{T-})\frac{R_2}{R_1 + R_2}$$

所以

$$U_{T-} = \frac{R_1 + R_2}{R_2} U_{TH} - \frac{R_1}{R_2} V_{DD}$$

将 $U_{DD} = 2U_{TH}$ 代入上式后得到

$$U_{T-} = \left(1 - \frac{R_1}{R_2}\right) U_{TH} \qquad (8.3.4)$$

我们将 U_{T+} 与 U_{T-} 之差定义为回差电压 ΔU_T，即

$$\Delta U_T = U_{T+} - U_{T-} \approx \frac{2R_1}{R_2} U_{TH} \qquad (8.3.5)$$

根据式（8.3.3）和式（8.3.5）画出的电压传输特性如图 8.3.2（a）所示。因为 u_O 和 u_I 的高、低电平是相同的，所以也把这种形式的电压传输特性叫做同相输出的施密特触发特性。

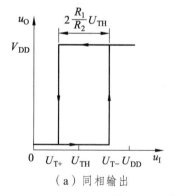

（a）同相输出

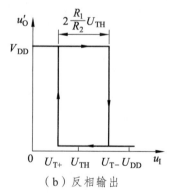

（b）反相输出

图 8.3.2　施密特触发器电压传输特性

　　如果以图 8.3.1（a）中的 u'_O 作为输出端，则得到的电压传输特性将如图 8.3.2（b）所示。由于 u'_O 与 u_1 的高、低电平是反相的，所以把这种形式的电压传输特性叫做反相输出的施密特触发特性。

　　通过改变 R_1 和 R_2 的比值可以调节 $U_{\mathrm{T}+}$、$U_{\mathrm{T}-}$ 和回差电压的大小。但 R_1 必须小于 R_2，否则电路将进入自锁状态，不能正常工作。

8.3.2　集成施密特触发器

　　由于施密特触发器的性能稳定，应用非常广泛，所以无论是在 TTL 电路中还是在 CMOS 电路中，都有单片集成的施密特触发器产品。

　　图 8.3.3 是 TTL 电路集成施密特触发器 7413 的电路图。因为在电路的输入部分附加了与的逻辑功能，同时在输出端附加了反相器，所以也把这个电路叫做施密特触发的与非门。在集成电路手册中把它归入与非门一类中。

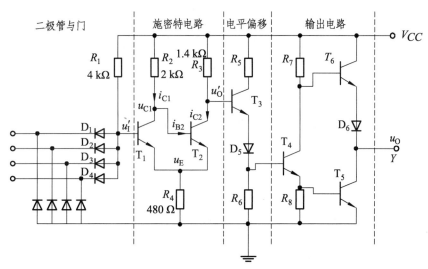

图 8.3.3　带与非功能的 TTL 集成施密特触发器

　　这个电路包含二极管与门、施密特电路、电平偏移电路和输出电路 4 个部分。其中的核心部分是由 T_1、T_2、R_1、R_2、R_3 和 R_4 组成的施密特电路。

　　施密特电路是通过公共发射极电阻耦合的两级正反馈放大器。假定三极管发射结的导通压降和二极管的正向导通压降均为 0.7 V，那么当输入端的电压使得

$$u'_\mathrm{I} - u_\mathrm{E} = u_{\mathrm{BE1}} < 0.7\ \mathrm{V} \tag{8.3.6}$$

则 T_1 将截止而 T_2 饱和导通。若 u'_I 逐渐升高并使 $u_{\mathrm{BE1}}>0.7$ V 时，T_1 进入导通状态，并有如下的正反馈过程发生：

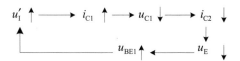

从而使电路迅速转为 T_1 饱和导通、T_2 截止的状态。

若 u_I' 从高电平逐渐下降，并且降到 u_{BE1} 只有 0.7 V 左右时，i_{C1} 开始减小，于是又引发了另一个正反馈过程

$$u_I' \downarrow \longrightarrow i_{C1} \downarrow \longrightarrow u_{C1} \uparrow \longrightarrow i_{C2} \uparrow$$
$$u_{BE1} \downarrow \longleftarrow u_E \uparrow$$

使电路迅速返回 T_1 截止、T_2 饱和导通的状态。

可见，无论 T_2 由导通变为截止还是由截止变为导通，都伴随有正反馈过程发生，使输出端电压 u_O' 的上升沿和下降沿都很陡。

同时，由于 $R_2 > R_3$，所以 T_1 饱和导通时的 u_E 值必然低于 T_2 饱和导通时的 u_E 值。因此，T_1 由截止变为导通时，输入电压 U_{T+}' 高于 T_1 由导通变为截止时输入电压 U_{T-}'，这样就得到了施密特触发特性。若以 U_{T+} 和 U_{T-} 分别表示与 U_{T+}' 和 U_{T-}' 相对应的输入端电压，则 U_{T+} 同样也一定高于 U_{T-}。

由图 8.3.3 可以写出 T_1 截止、T_2 饱和导通时电路的方程式为

$$\left. \begin{array}{l} R_2 i_{B2} + U_{BE(sat)2} + R_4(i_{B2} + i_{C2}) = V_{CC} \\ R_3 i_{B2} + U_{CE(sat)2} + R_4(i_{B2} + i_{C2}) = V_{CC} \end{array} \right\} \tag{8.3.7}$$

其中 $U_{BE(sat)2}$、$U_{CE(sat)2}$ 分别表示 T_2 饱和导通 b—e 间和 c—e 间的压降。假定 $i_{R3} \approx i_{C2}$，则可从式（8.3.7）求出

$$i_{C2} = \frac{R_4[V_{CC} - U_{BE(sat)2}] - (R_2 + R_4)[V_{CC} - U_{CE(sat)2}]}{R_4^2 - (R_2 + R_4)(R_3 + R_4)} \tag{8.3.8}$$

$$i_{B2} = \frac{R_4[V_{CC} - U_{CE(sat)2}] - (R_2 + R_4)[V_{CC} - U_{BE(sat)2}]}{R_4^2 - (R_2 + R_4)(R_3 + R_4)} \tag{8.3.9}$$

将图 8.3.3 中给定的参数代入式（8.3.8）和式（8.3.9），并取 $U_{BE(sat)} = 0.8$ V，$U_{CE(sat)} = 0.2$ V，于是得到

$$i_{C2} \approx 2.2 \text{ mA}$$

$$i_{B2} \approx 1.3 \text{ mA}$$

$$u_{E2} = R_4(i_{B2} + i_{C2}) \approx 1.7 \text{ V}$$

$$U_{T+}' = u_{E2} + 0.7 \approx 2.4 \text{ V}$$

另一方面，当 u_I' 从高电平下降至仅比 R_4 上的压降高 0.7 V 以后，T_1 开始脱离饱和，u_{CE1} 开始上升。至 u_{CE1} 大于 0.7 V 以后，T_2 开始导通并引起正反馈过程，因此转换时 R_4 上的压降为

$$u_{E1} = (V_{CC} - u_{CE1}) \frac{R_4}{R_2 + R_4} \tag{8.3.10}$$

将 $u_{CE1} = 0.7$ V、$R_2 = 2$ kΩ、$R_4 = 0.48$ kΩ代入上式计算后得到

$$u_{E1} \approx 0.8 \text{ V}$$

$$U'_{T-} = u_{E1} + 0.7 \text{ V} \approx 1.5 \text{ V}$$

因为整个电路的输入电压 u_I 等于 u'_I 减去输入端二极管的压降 U_D，故得

$$U_{T+} = U'_{T+} - U_D \approx 1.7 \text{ V}$$

$$U_{T-} = U'_{T-} - U_D \approx 0.8 \text{ V}$$

$$\Delta U_T = U_{T+} - U_{T-} \approx 0.9 \text{ V}$$

为了降低输出电阻以提高电路的驱动能力，在整个电路的输出部分设置了倒相级和推拉式输出级电路。

由于 T_2 导通时施密特电路输出的低电平较高（约为 1.9 V），若直接将 u'_O 与 T_4 的基极相连，将无法使 T_4 截止，所以必须在 u'_O 与 T_4 的基极之间串进电平偏移电路。这样就使得 $u'_O \approx 1.9$ V 时电平偏移电路的输出仅为 0.5 V 左右，保证 T_4 能可靠地截止。

图 8.3.4 为集成施密特触发器 7413 的电压传输特性。对每个具体的器件而言，它的 U_{T+}、U_{T-} 都是固定的、不能调节。

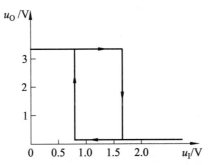

图 8.3.4　集成施密特触发器 7413 的电压传输特性

图 8.3.5 是 CMOS 集成施密特触发器 CC40106 的电路图。电路的核心部分是由 $T_1 \sim T_6$ 组成的施密特触发电路。其中 $T_1 \sim T_3$ 为 P 沟道 MOS 管，设 P 沟道 MOS 管的开启电压为 $U_{GS(th)P}$，$T_4 \sim T_6$ 为 N 沟道 MOS 管，设其开启电压为 $U_{GS(th)N}$，输入信号 u_I 为三角波。

当 $u_I = 0$ 时，T_1、T_2 导通而 T_4、T_5 截止，此刻 u'_O 为高电平（ $u'_O \approx V_{DD}$ ），它使 T_3 截止、T_6 导通并工作在源极输出状态。因此，T_5 源极的电位 u_{S5} 较高，$u_{S5} \approx V_{DD} - U_{GS(th)N}$。

在 u_I 逐渐升高的过程中，当 $u_I > U_{GS(th)N}$ 以后，T_4 导通。但由于 u_{S5} 很高，即使 $u_I > \frac{1}{2} V_{DD}$，T_5 仍不会导通。当 u_I 继续升高，直到 T_1、T_2 的栅源电压 $|u_{GS1}|$、$|u_{GS2}|$ 减小到 T_1、T_2 趋于截止时，T_1 和 T_2 的内阻开始急剧增大，从而使 u'_O 和 u_{S5} 开始下降，最终达到 $u_I - u_{S5} \geqslant U_{GS(th)N}$，于是 T_5 开始导通并引起如下的正反馈过程：

$$u'_O \downarrow \longrightarrow u_{S5} \downarrow \longrightarrow u_{GS5} \uparrow \longrightarrow R_{ON5} \downarrow \quad （T_5 的导通内阻）$$

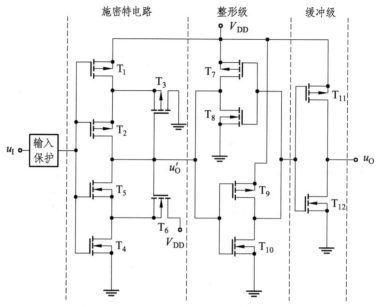

图 8.3.5　CMOS 集成施密特触发器 CC40106

T_5 迅速导通后进入低压降的电阻区。与此同时，随着 u'_O 的下降 T_3 导通，使得 T_1 和 T_2 截止，u'_O 下降为低电平，电路输出状态转换为 $u_O = 0$。

u'_O 的低电平使 T_6 截止，T_3 导通且工作于源极输出器状态，T_2 的源极电压 $u_{S2} \approx 0 - U_{GS(th)P}$。同理可知，当 u_I 逐渐下降时，电路工作过程与上升过程类似，只有当 $|u_I - u_{S2}| > |U_{GS(th)P}|$ 时，电路又转换为 u'_O 为高电平、$u_O = U_{OH}$ 的状态。

因此，在 $V_{DD} \gg U_{GS(th)N} + |U_{GS(th)P}|$ 的条件下，电路的正向阈值电压 U_{T+} 远大于 $\frac{1}{2} V_{DD}$，且随着 V_{DD} 增加而增加。在 u_I 下降过程中的转换电路 U_{T-} 要比 $\frac{1}{2} V_{DD}$ 低得多。由上述分析可知，电路在 u_I 上升和下降过程分别有不同的两个阈值电压，且有施密特电压传输特性。其传输特性如图 8.3.6 所示。可以看出 U_{T+}、U_{T-} 受 V_{DD} 的影响。

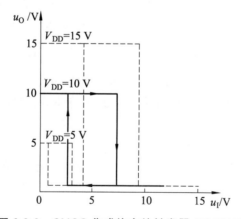

图 8.3.6　CMOS 集成施密特触发器 CC40106

　　$T_7 \sim T_{10}$ 组成的整形电路是两个首尾相连的反相器。在 u'_O 上升和下降的过程中，通过两级反相器的正反馈作用，使输出电压波形有陡直的上升沿和下降沿。T_{11} 和 T_{12} 组成输出缓冲级，它不仅提高了电路的带负载能力，还起到了将内部电路与负载隔离的作用。

8.3.3　施密特触发器的应用

　　施密特触发器的用途很广，下面介绍几个典型应用。

1. 用于波形变换

　　利用集成施密特触发器状态转换过程中的正反馈作用，可以把边沿变化缓慢的周期性信号变换为边沿很陡的矩形脉冲信号。

　　在图 8.3.7 所示的例子中，输入信号是由直流分量和正弦分量叠加而成的，只要输入信号的幅度大于 U_{T+}，即可在施密特触发器的输出端得到同频率的矩形脉冲信号。

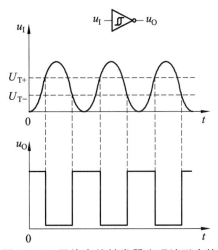

图 8.3.7　用施密特触发器实现波形变换

2. 用于脉冲整形

　　在数字系统中，矩形脉冲经传输后往往发生波形畸变，图 8.3.8 中给出了几种常见的情况。

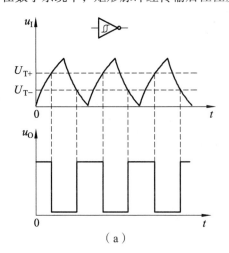

（a）

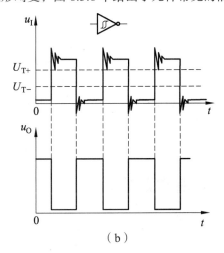

（b）

图 8.3.8　用施密特触发器对脉冲整形

当传输线上电容较大时，波形的上升沿和下降沿将明显变坏，如图 8.3.8（a）所示。当传输线较长，而且接收端的阻抗与传输线的阻抗不匹配时，在波形上的上升沿和下降沿将产生振荡现象，如图 8.3.8（b）所示。当其他脉冲信号通过导线间的分布电容或公共电源线叠加到矩形脉冲信号上时，信号上将出现附加的噪声，如图 8.3.9 中所示。

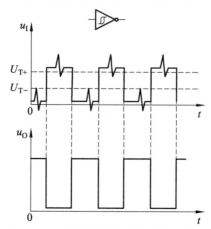

图 8.3.9　用施密特触发器对脉冲整形

无论出现上述哪一种情况，通过设置合适的施密特触发器 U_{T+} 和 U_{T-}，均能收到满意的整形效果。

3. 用于脉冲鉴幅

由图 8.3.10 可见，若将一系列幅度各异的脉冲信号加到施密特触发器的输入端时，只有那些幅度大于 U_{T+} 的脉冲才会在输出端产生输出信号。因此，施密特触发器能将幅度大于 U_{T+} 的脉冲选出，具有脉冲鉴幅的能力。

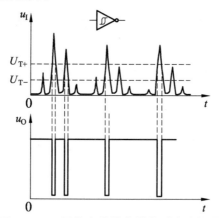

图 8.3.10　用施密特触发器鉴别脉冲幅度

8.4　多谐振荡器

多谐振荡器是一种自激振荡器，在接通电源以后，不需要外加触发信号，便能自动地产生矩形脉冲或方波。由于矩形波中含有丰富的高次谐波分量，所以习惯上又把矩形波振荡器叫做多谐振荡器。同时，由于多谐振荡器在工作过程中不存在稳定状态，故又称为无稳态电路。

8.4.1　门电路组成的多谐振荡器

1. 电路组成及工作原理

由门电路组成的多谐振荡器虽有多种电路形式，但它们无一例外地均具有如下共同的特点。首先，电路中含有开关器件，如门电路、电压比较器、BJT 等。这些器件主要用作产生高、低电平。其次，具有反馈网络，将输出电压恰当地反馈给开关器件使之改变输出状态。另外，还要有延迟环节，利用 RC 电路和充、放电特性可实现延时，以获得所需要的振荡频率。在许多实用电路中，反馈网络兼有延时的作用。一种由 CMOS 门电路组成的多谐振荡如图 8.4.1 所示。其原理图和工作波形图如图 8.4.2 所示，图（a）中 D_1、D_2、D_3、D_4 均为保护二极管。

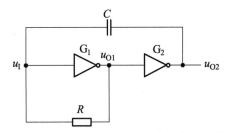

图 8.4.1　CMOS 门电路组成的多谐振荡

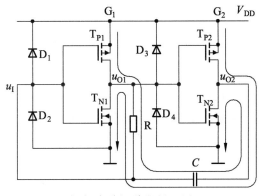

（a）多谐振荡器原理图

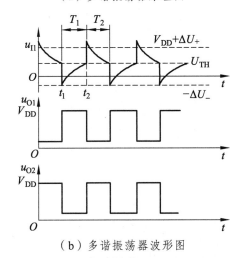

（b）多谐振荡器波形图

图 8.4.2　多谐振荡器原理图和波形图

为了便于分析，假定门电路的电压传输特性曲线为理想化的折线，即开门电平（U_{ON}）和关门电平（U_{OFF}）相等，这个理想化的开门电平或关门电平称为门坎电平（或阈值电平），记为 U_{TH}，且设 $U_{TH} = \dfrac{V_{DD}}{2}$。

1）第一暂态及电路自动翻转的过程

假定在 $t = 0$ 时接通电源，电容 C 尚未充电，电路初始状态为 $u_{O1} = U_{OH}$、$u_I = u_{O2} = U_{OL}$，即第一暂稳态。此时，电源 V_{DD} 经 G_1 和 T_{P1} 管、R 和 G_2 的 T_{N2} 管给电容 C 充电，如图 8.4.2（a）所示。随着充电时间的增加，u_I 的值不断上升，当 u_I 达到 U_{TH} 时，电路发生下述正反馈过程。

这一正反馈过程瞬间完成，使 G_1 导通、G_2 截止，电路进入第二暂态，即 $u_{O1} = U_{OL}$，$u_{O2} = U_{OH}$。

2）第二暂态及电路自动翻转的过程

电路进入第二暂态瞬间，u_{O2} 由 0 V 上跳至 V_{DD}，由于电容两端电压不能突变，则 u_I 也将上跳 V_{DD}，本应升至 $V_{DD} + U_{TH}$，但由于保护二极管的箝位作用，u_I 仅上跳至 $V_{DD} + \Delta U_+$。随后，电容 C 通过 G_2 的 T_{P2}、电阻 R 和 G_1 的 T_{N1} 放电，使 u_I 下降，当 u_I 降至 V_{TH} 后，电路又产生如下正反馈过程：

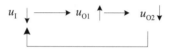

从而使 G_1 迅速截止，G_2 迅速导通，电路又回到第一暂稳态，$u_{O1} = U_{OH}$，$u_{O2} = U_{OL}$。此后，电路重复上述过程，周而复始地从一个暂稳态翻转到另一个暂稳态，在 G_2 的输出端得到方波。

由上述分析不难看出，多谐振荡器的两个暂稳态的转换过程是通过电容 C 充、放电作用来实现的，电容的充、放电作用又集中体现在图中 u_I 的变化上。因此，在分析中要着重注意 u_I 的波形。

2. 振荡周期的计算

在振荡过程中，电路状态的转换主要取决于电容的充、放电，而转换时刻则取决于 u_I 的数值。通过以上分析所得电路在状态转换时 u_I 的几个特征值，可以计算出图 8.4.2（b）中的 T_1、T_2 的值。

1）T_1 的计算

对应于第一暂态，将图 8.4.2（b）中 t_1 作为时间起点，$T_1 = t_2 - t_1$，$u_I(0^+) = -\Delta U_- \approx 0$ V，$u_I(\infty) = V_{DD}$，$\tau = RC$。根据 RC 电路瞬态响应的分析，有

$$T_1 = RC \ln \frac{V_{DD}}{V_{DD} - U_{TH}} \qquad (8.4.1)$$

2）T_2 的计算

对应于图 8.4.2（b），在第二暂态，将 t_2 作为时间起点，则有

$$u_I(0^+) = V_{DD} + \Delta U_+ \approx V_{DD}, \quad u_I(\infty) = 0, \quad \tau = RC$$

由此可求出

$$T_2 = RC \ln \frac{V_{DD}}{U_{TH}} \tag{8.4.2}$$

所以

$$T = T_1 + T_2 = RC \ln \left[\frac{V_{DD}^2}{(V_{DD} - U_{TH}) \cdot U_{TH}} \right] \tag{8.4.3}$$

将 $U_{TH} = \dfrac{V_{DD}}{2}$ 代入上式，可得

$$T = RC \ln 4 \approx 1.4 RC \tag{8.4.4}$$

图 8.4.1 是一种最简型多谐振荡器，式（8.4.4）仅适于 $R \gg R_{ON(P)} + R_{ON(N)}$（$R_{ON(P)}$、$R_{ON(N)}$ 分别为 CMOS 门中 NMOS、PMOS 管的导通电阻）、C 远大于电路分布电容的情况。当电源电压波动时，会使振荡频率不稳定，在 $U_{TH} \neq \dfrac{V_{DD}}{2}$ 时，影响尤为严重。一般可在图 8.4.1 中增加一个补偿电阻 R_s，如图 8.4.3 所示。R_s 可减小电源电压变化对振荡频率的影响。当 $U_{TH} = \dfrac{V_{DD}}{2}$ 时，取 $R_s \gg R$（一般取 $R_s = 10R$）。

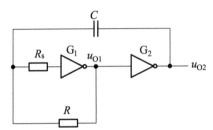

图 8.4.3 加补偿电阻的 CMOS 多谐振荡器

8.4.2 环形振荡器

利用闭合回路中的正反馈作用可以产生自激振荡，利用闭合回路中的延迟负反馈作用同样也能产生自激振荡，只要负反馈信号足够强。

环形振荡器就是利用延迟负反馈产生振荡的。它是利用门电路的传输延迟时间，将奇数个反相器首尾相接而构成的。

图 8.4.4 所示电路是一个简单的环形振荡器，它由三个反相器首尾相连而组成。不难看出，这个电路是没有稳定状态的。因为在静态（假定没有振荡时）下，任何一个反相器的输入和输出都不可能稳定在高电平或低电平，而只能处于高、低电平之间，所以处于放大状态。

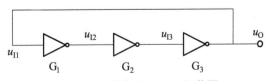

图 8.4.4 最简单的环形振荡器

假定由于某种原因 u_{I1} 产生了微小的正跳变，则经过 G_1 的传输延迟时间 t_{pd} 之后，u_{I2} 产生一个幅度更大的负跳变，再经过 G_2 的传输延迟时间 t_{pd} 使 u_{I3} 得到更大的正跳变。然后又经过 G_3 的传输延迟时间 t_{pd} 在输出端 u_O 产生一个更大的负跳变，并反馈到 G_1 的输入端。因此，经过 $3t_{pd}$ 的时间以后，u_{I1} 又自动跳变为低电平。可以推想，再经过 $3t_{pd}$ 以后 u_{I1} 又将跳变为高电平。如此周而复始，就产生了自激振荡。

图 8.4.5 是根据以上分析得到的图 8.4.4 电路的工作波形图。由图可见，振荡周期为

$$T = 6t_{pd}$$

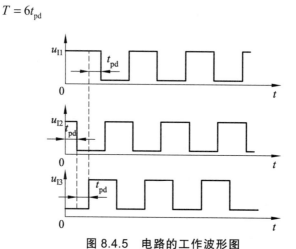

图 8.4.5   电路的工作波形图

基于上述原理可知，将任何大于、等于 3 的奇数个反相器首尾相连地接成环形电路，都能产生自激振荡，而且振荡周期为

$$T = 2nt_{pd} \tag{8.4.5}$$

其中 n 为串联反相器的个数。

用这种方法构成的振荡器虽然很简单，但不实用。因为门电路的传输延迟时间极短，TTL电路只有几十纳秒，CMOS 电路也不过一二百纳秒，所以想获得稍低一些的振荡频率是很困难的，而且频率不易调节。为了克服以上缺点，可以在图 8.4.4 所示电路的基础上附加 RC 延迟环节，组成带 RC 延迟电路的环形振荡器，如图 8.4.6（a）所示。

接入 RC 电路以后，不仅增加了门 G_2 的传输延迟时间 t_{pd2}，有助于获得较低的振荡频率，而且通过改变 R 和 C 的数值，还可以很容易实现对振荡频率的调节。

为了进一步加大 G_2 和 RC 延迟电路的传输延迟时间，在实用的环形振荡器电路中又将电容 C 的接地端改接到 G_1 的输出端上，如图 8.4.6（b）所示。例如当 u_{I2} 处发生负跳变时，经过电容 C 使 u_{I3} 首先跳变到一个负电平，然后再从这个负电平开始对电容 C 充电，这就加长了 u_{I3} 从开始充电到上升为 U_{TH} 的时间，等于加大了 u_{I2} 到 u_{I3} 的传输延迟时间。

通常 RC 电路产生的延迟时间远远大于门电路本身的传输延迟时间，所以在计算振荡周期时，可以考虑 RC 电路的作用而将门电路固有的传输延迟时间忽略不计。

另外，为防止 u_{I3} 发生负跳变时流过反相器 G_3 输入端箝位二极管的电流过大，还在 G_3 输入端串接了保护电阻 R_S。电路中各点的电压波形如图 8.4.7 所示。

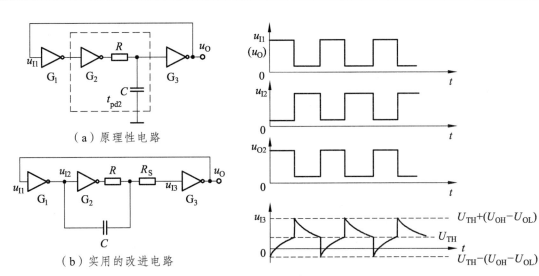

（a）原理性电路

（b）实用的改进电路

图 8.4.6　带 RC 延迟电路的环形振荡器

图 8.4.7　图 8.4.6（b）电路的工作波形

图 8.4.8 画出了电容 C 的充、放电等效电路。

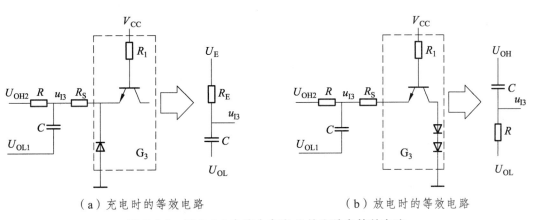

（a）充电时的等效电路

（b）放电时的等效电路

图 8.4.8　图 8.4.6 电路中电容 C 的充放电等效电路

图 8.4.8 中电容 C 的充电时间 T_1 和放电时间 T_2 各为

$$T_1 = R_E C \ln \frac{U_E - [U_{TH} - (U_{OH} - U_{OL})]}{U_E - U_{TH}}$$

$$T_2 = RC \ln \frac{U_{TH} + (U_{OH} - U_{OL}) - U_{OL}}{U_{TH} - U_{OL}}$$

$$= RC \ln \frac{U_{OH} + U_{TH} - 2U_{OL}}{U_{TH} - U_{OL}}$$

其中

$$V_E = U_{OH} + (V_{CC} = U_{BE} - U_{OH}) \frac{R}{R + R_1 + R_S}$$

$$R_E = \frac{R(R_1 + R_S)}{R + R_1 + R_S}$$

若 $R_1 + R_S \gg R$ ， $U_{OL} \approx 0$ ，则 $U_E \approx U_{OH}$ ， $R_E \approx R$ ，这时 T_1 、 T_2 可简化为

$$T_1 \approx RC \ln \frac{2U_{OH} - U_{TH}}{U_{OH} - U_{TH}} \tag{8.4.6}$$

$$T_2 \approx RC \ln \frac{U_{OH} + U_{TH}}{U_{TH}} \tag{8.4.7}$$

故电路的振荡周期近似等于

$$T = T_1 + T_2 \approx RC \ln \left(\frac{2U_{OH} - U_{TH}}{U_{OH} - U_{TH}} \cdot \frac{U_{OH} + U_{TH}}{U_{TH}} \right) \tag{8.4.8}$$

假定 $U_{OH} = 3\text{ V}$ 、 $U_{TH} = 1.4\text{ V}$ ，代入上式后得到

$$T \approx 2.2RC \tag{8.4.9}$$

式（8.4.9）可用于近似估算振荡周期，但使用时应注意它的假定条件是否满足，否则计算结果会有较大的误差。

8.4.3 用施密特触发器构成的多谐振荡器

前面已经讲过，施密特触发器最突出的特点是它的电压传输特性有一个滞回区。由此我们想到，倘若能使它的输入电压在 U_{T+} 与 U_{T-} 之间不停地往复变化，那么在输出端就可以得到矩形脉冲波了。

实现上述设想的办法很简单，只要将施密特触发器的反相输出端经 RC 积分电路接回输入端即可，如图 8.4.9（a）所示。

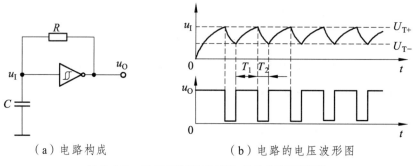

（a）电路构成　　　　　　　　（b）电路的电压波形图

图 8.4.9　用施密特触发器构成的多谐振荡器

当接通电源以后，因为电容上的初始电压为零，所以输出为高电平，并开始经电阻 R 向电容 C 充电。当充到输入电压为 $u_I = U_{T+}$ 时，输出跳变为低电平，电容 C 又经过电阻 R 开始放电。

当放电至 $u_I = U_{T-}$ 时，输出电位又跳变为高电平，电容 C 重新开始充电。如此周而复始，电路便不停地振荡。 u_I 和 u_O 的电压波形如图 8.4.9（b）所示。

若使用的是 CMOS 施密特触发器，而且 $U_{OH} \approx V_{DD}$ ， $U_{OL} \approx 0$ ，则可依据图 8.4.9（b）所示的电压波形得到计算振荡周期的公式如下

$$T = T_1 + T_2 = RC \ln \frac{V_{DD} - U_{T-}}{V_{DD} - U_{T+}} + RC \ln \frac{U_{T+}}{U_{T-}}$$

$$= RC \ln \left(\frac{V_{DD} - U_{T-}}{V_{DD} - U_{T+}} \cdot \frac{U_{T+}}{U_{T-}} \right)$$

（8.4.10）

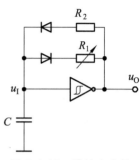

通过调节 R 和 C 的大小，即可改变振荡周期。此外，在这个电路的基础上稍加修改，就能实现对输出脉冲占空比的调节，电路的接法如图 8.4.10 所示。在这个电路中，因为电容的充电和放电分别经过两个电阻 R_1 和 R_2，所以只要改变 R_1 和 R_2 的比值，就能改变占空比。

如果使用 TTL 施密特触发器构成多谐振荡器，在计算振荡周期时应考虑到施密特触发器输入电路对电容充、放电的影响，因此得到的计算公式要比式（8.4.10）稍微复杂一些。

图 8.4.10 脉冲占空比可调的多谐振荡器

8.4.4 石英晶体多谐振荡器

在许多应用场合下都对多谐振荡器的振荡频率稳定性有严格要求。例如，在将多谐振荡器作为数字钟的脉冲源使用时，它的频率稳定性直接影响着计时的准确性。在这种情况下，前面所讲的几种多谐振荡器电路难以满足要求。因为在这些多谐振荡器中，振荡频率主要取决于门电路输入电压在充、放电过程中达到转换电平所需的时间，所以频率稳定性不可能很高。

不难看到：第一，这些振荡器中门电路的转换电平 U_{TH} 本身就不够稳定，容易受电源电压和温度变化的影响；第二，这些电路的工作方式容易受干扰，造成电路状态转换时间的提前或滞后；第三，在电路状态临近转换时电容的充、放电已经比较缓慢，在这种情况下转换电平微小的变化或轻微的干扰都会严重影响振荡周期。因此，在对频率稳定性有较高要求时，必须采取稳频措施。

目前普遍采用的一种稳频方法是在多谐振荡器电路中接入石英晶体，组成石英晶体多谐振荡器。图 8.4.11（a）、（b）给出了石英晶体的频率特性和符号。把石英晶体与对称多谐振荡器中的耦合电容串联起来，就组成了如图 8.4.11（c）所示的石英晶体多谐振荡器。

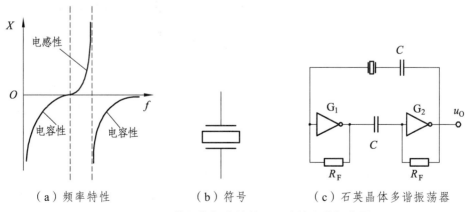

（a）频率特性 （b）符号 （c）石英晶体多谐振荡器

图 8.4.11 石英晶体频率特性及组成的多谐振荡器

由石英晶体的电抗频率特性可知，当外加电压的频率为 f_0 时它的阻抗最小，所以把它接入多谐振荡器的正反馈环路中以后，频率为 f_0 的电压信号最容易通过它，并在电路中形成正反馈，而其他频率信号经过石英晶体时被衰减。因此，振荡器的工作频率也必然是 f_0。

由此可见，石英晶体多谐振荡器的振荡频率取决于石英晶体的固有谐振频率 f_0，而与外接电阻、电容无关。石英晶体的谐振频率由石英晶体的结晶方向和外形尺寸所决定，具有极高的频率稳定性。它的频率稳定度（$\Delta f_0 / f_0$）可达 $10^{-10} \sim 10^{-11}$，足以满足大多数数字系统对频率稳定度的要求。具有各种谐振频率的石英晶体已被制成标准化和系列化的产品。

在图 8.4.11 所示电路中，若取 TTL 电路 7404 用作 G_1 和 G_2 两个反相器，$R_F = 1\,k\Omega$，$C = 0.05\,\mu F$，则其工作频率可达几十兆赫。

在非对称式多谐振荡器电路中，也可以接入石英晶体构成石英晶体多谐振荡器，以达到稳定频率的目的。电路的振荡频率同样也等于石英晶体的谐振频率，与外接电阻和电容的参数无关。

8.5 555 定时器及其应用

8.5.1 555 定时器的电路结构与功能

555 定时器是一种应用极为广泛的中规模集成电路。该电路使用灵活、方便，只需外接少量的阻容元件就可以构成单稳、多谐和施密特触发器。由于使用灵活、方便，所以 555 定时器在波形的产生与变换、测量与控制、家用电器、电子玩具等许多领域中都得到了应用。

正因为如此，自从 Signetics 公司于 1972 年推出这种产品以后，国际上各主要的电子器件公司也都相继生产了各自的 555 定时器产品。尽管产品型号繁多，但所有双极型产品型号最后的 3 位数码都是 555，所有 CMOS 产品型号最后的 4 位数码都是 7555。而且，它们的功能和外部引脚的排列完全相同。为了提高集成度，随后又生产了双定时器产品 556（双极型）和 7556（CMOS 型）。

图 8.5.1 是国产双极型定时器 CB555 的电路结构图。它由 3 个阻值为 5 kΩ 的电阻组成的分压器、两个电压比较器 C_1 和 C_2、基本 RS 触发器、集电极开路的放电三极管 T_D 以及缓冲器 G_4 组成。

u_{I1} 是比较器 C_1 的输入端（也称阈值端，用 TH 标注），u_{I2} 是比较器 C_2 的输入端（也称触发端，用 $\overline{TR}$ 标注）。C_1 和 C_2 的参考电压（电压比较的基准）U_{R1} 和 U_{R2} 由 V_{CC} 经三个 5 kΩ 电阻分压给出。在控制电压输入端 U_{CO} 悬空时，$U_{R1} = \frac{2}{3}V_{CC}$，$U_{R2} = \frac{1}{3}V_{CC}$。如果 U_{CO} 外接固定电压，则 $U_{R1} = U_{CO}$，$U_{R2} = \frac{1}{2}U_{CC}$。

$\overline{R_D}$ 是置零输入端。只要在 $\overline{R_D}$ 端加上低电平，输出端 u_O 便立即被置成低电平，不受其他输入端状态的影响。正常工作时必须使 $\overline{R_D}$ 处于高电平。图 8.5.1 中的数码 1~8 为器件引脚的编号。

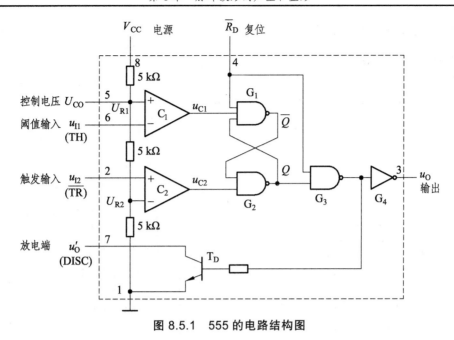

图 8.5.1　555 的电路结构图

由图可知，当 $u_{I1} > U_{R1}$、$u_{I2} = U_{R2}$ 时，比较器 C_1 的输出 $u_{C1} = 0$、比较器 C_2 的输出 $u_{C2} = 1$，基本 RS 触发器被置 0，T_D 导通，同时 u_O 为低电平。

当 $u_{I1} < U_{R1}$、$u_{I2} > U_{R2}$ 时，$u_{C1} = 1$、$u_{C2} = 1$，触发器的状态保持不变，因而 T_D 和输出的状态也维持不变。

当 $u_{I1} < U_{R1}$、$u_{I2} < U_{R2}$ 时，$u_{C1} = 1$、$u_{C2} = 0$，故触发器被置 1，u_O 为高电平，同时 T_D 截止。

这样我们就得到了表 8.5.1 所示的 CB555 的功能表。

表 8.5.1　CB555 的功能表

	输　入		输　出	
$\overline{R}_D$	u_{I1}	u_{I2}	u_O	T_D
0	×	×	低	导通
1	$> \dfrac{2}{3} V_{CC}$	$> \dfrac{1}{3} V_{CC}$	低	导通
1	$< \dfrac{2}{3} V_{CC}$	$> \dfrac{1}{3} V_{CC}$	不变	不变
1	$< \dfrac{2}{3} V_{CC}$	$< \dfrac{1}{3} V_{CC}$	高	截止

为了提高电路的带负载能力，还在输出端设置了缓冲器 G_4。如果将 u_O' 端经过电阻接到电源上，那么只要这个电阻的阻值足够大，u_O 为高电平时 u_O' 也一定为高电平，u_O 为低电平时 u_O' 也一定为低电平。555 定时器能在很宽的电源电压范围内工作，并可承受较大的负载电流。双极型 555 定时器的电源电压范围为 5 ~ 16 V，最大的负载电流达 220 mA。CMOS 型 7555 定时器的电源电压范围为 3 ~ 18 V，但最大负载电流在 4 mA 以下。

8.5.2　用 555 定时器接成的单稳态触发器

若以 555 定时器的 u_{I2} 端作为触发信号的输入端，并将由 T_D 和 R 组成的反相输出电压 u'_O 接至 u_{I1} 端，同时在 u_{I1} 对地接电容 C，就构成了单稳态触发器，如图 8.5.2（a）所示。

电源接通瞬间，电路有一个稳定的过程，即电源通过电阻 R 向电容 C 充电，当 u_C 上升到 $\frac{2}{3} V_{CC}$ 时，触发器复位，u_O 为低电平，三极管 T_D 导通，电容 C 放电，电路进入稳定状态，$u_O = 0$。

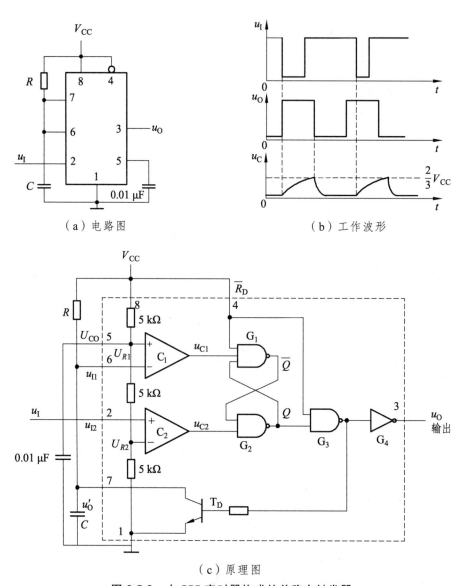

（a）电路图　　　　　　　（b）工作波形

（c）原理图

图 8.5.2　由 555 定时器构成的单稳态触发器

若触发输入端施加触发信号 $u_I < \frac{1}{3} V_{CC}$，触发器发生翻转，电路进入暂稳态，u_O 输出高电平，且 T_D 截止。此后电容 C 放电，电路恢复至稳定状态。

如果忽略 T_D 的饱和压降，则 u_C 从零电平上升到 $\frac{2}{3}V_{CC}$ 的时间，即为输出电压 u_O 的脉宽 t_w。工作波形如图 8.5.2（b）所示。

输出脉冲的宽度 t_w 等于暂稳态的持续时间，而暂稳态的持续时间取决于外接电阻 R 和电容 C 的大小。t_w 等于电容电压在充电过程中从 0 上升到 $\frac{2}{3}V_{CC}$ 所需要的时间，因此得到

$$t_w = RC\ln\frac{V_{CC}-0}{V_{CC}-\frac{2}{3}V_{CC}} = RC\ln3 = 1.1RC \qquad (8.5.1)$$

通常 R 的取值在几百欧姆到几兆欧姆之间，电容的取值范围为几百皮法到几百微法，t_w 的范围为几微秒到几分钟。但必须注意，随着 t_w 的宽度增加，它的精度和稳定度也将下降。

8.5.3 用 555 定时器接成的施密特触发器

将 555 定时器的 u_{I1} 和 u_{I2} 两个输入端连在一起作为信号输入端，如图 8.5.3（a）所示，即可得到施密特触发器。

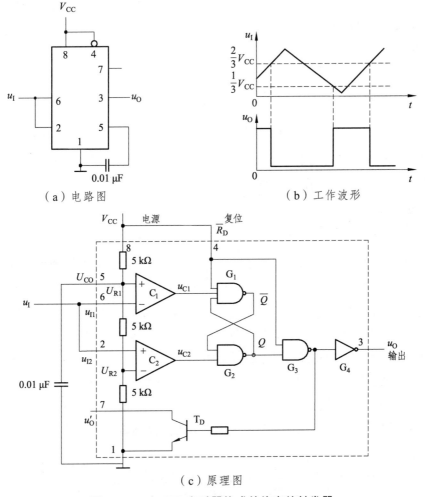

（a）电路图 （b）工作波形

（c）原理图

图 8.5.3 由 555 定时器构成的施密特触发器

由于 555 定时器中两个电压比较器的参考电压不同，因此，输出电压 u_O 由高电平变为低电平和由低电平变为高电平所对应的 u_I 值也不相同，这样就形成了施密特触发特性。

为提高电路的稳定性，通常在 U_{CO} 端接有 0.01 μF 左右的滤波电容。

首先我们来分析 u_I 从 0 逐渐升高的过程：

当 $u_I < \dfrac{1}{3}V_{CC}$ 时，$u_{C1}=1$、$u_{C2}=0$，$Q=1$，故 $u_O = U_{OH}$；

当 $\dfrac{1}{3}V_{CC} < u_I < \dfrac{2}{3}V_{CC}$ 时，$u_{C1}=u_{C2}=1$，故 $u_O = U_{OH}$ 保持不变；

当 $u_I > \dfrac{2}{3}V_{CC}$ 以后，$u_{C1}=0$、$u_{C2}=1$，$Q=0$，故 $u_O = U_{OL}$。因此，$U_{T+} = \dfrac{2}{3}V_{CC}$。

其次，再看 u_I 从高于 $\dfrac{2}{3}V_{CC}$ 开始下降的过程：

当 $\dfrac{1}{3}V_{CC} < u_I < \dfrac{2}{3}V_{CC}$ 时，$u_{C1}=u_{C2}=1$，故 $u_O = U_{OH}$ 保持不变；

当 $u_I < \dfrac{1}{3}V_{CC}$ 以后，$u_{C1}=1$、$u_{C2}=0$，$Q=1$，故 $u_O = U_{OH}$。因此 $U_{T-} = \dfrac{1}{3}V_{CC}$。

因此得到电路的回差电压为

$$\Delta U_T = U_{T+} - U_{T-} = \frac{1}{3}V_{CC} \tag{8.5.2}$$

当输入为三角波时，输出的工作波形如图 8.5.3（b）所示。

如果图 8.5.3（c）中 5 脚外接参考电压 U_{CO}，这时 $U_{T+} = U_{CO}$，$U_{T-} = \dfrac{1}{2}U_{CO}$，$\Delta U_T = \dfrac{1}{2}U_{CO}$。因此，通过改变参考电压的大小，可以调节回差电压的范围。如果在 7 脚外接一电阻并与另一电源相连，则由 7 脚输出的信号可实现电平转换。

8.5.4　用 555 定时器接成的多谐振荡器

既然用 555 定时器能很方便地接成施密特触发器，那么我们就可以先把它接成施密特触发器，然后利用前面 8.4.4 节讲过的方法，在施密特触发器的基础上改接成多谐振荡器。

在 8.4.4 节中曾经讲到，只要把施密特触发器的反相输出端经 RC 积分电路接回到它的输入端，就构成了多谐振荡器。因此，只要将 555 定时器的 u_{I1} 和 u_{I2} 连在一起接成施密特触发器，然后再将 u_O 经 RC 积分电路接回输入端就可以了。

为了减轻门 G_4 的负载，在电容 C 的容量较大时，不宜直接由 G_4 提供电容的充、放电电流。为此，在图 8.5.4 所示电路中将 T_D 与 R_1 接成了一个反相器，它的输出 u_O' 与 u_O 在高、低电平状态上完全相同。将 u_O' 经 R_2 和 C 组成的积分电路接到施密特触发器的输入端，同样也能构成多谐振荡器。

根据 8.4.4 节中的分析得知，电容上的电压 u_C 将在 U_{T+} 与 U_{T-} 之间往复振荡，u_C 和 u_O 的波形将如图 8.5.5（b）所示。

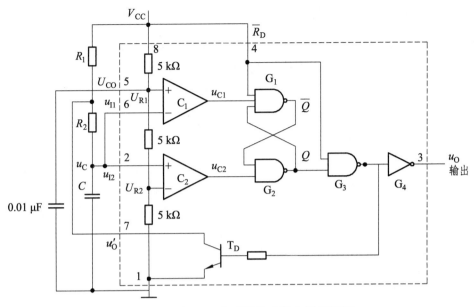

图 8.5.4　由 555 定时器构成的多谐振荡器

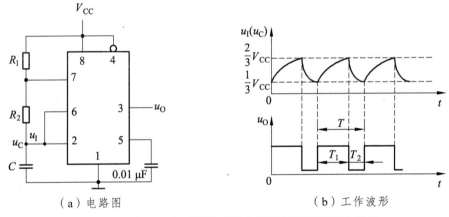

（a）电路图　　　　　　　　　　　　　（b）工作波形

图 8.5.5　由 555 定时器构成的多谐振荡器及其工作波形

由图 8.5.4 中 u_C 的波形求得电容 C 的充电时间 T_1 和放电时间 T_2 各为

$$T_1 = (R_1 + R_2)C\ln\frac{V_{CC} - U_{T-}}{V_{CC} - U_{T+}} \tag{8.5.3}$$

$$= (R_1 + R_2)C\ln 2$$

$$T_2 = R_2 C\ln\frac{0 - U_{T+}}{0 - U_{T-}} = R_2 C\ln 2 \tag{8.5.4}$$

故电路的振荡周期为

$$T = T_1 + T_2 = (R_1 + 2R_2)C\ln 2 \tag{8.5.5}$$

振荡频率为

$$f = \frac{1}{T} = \frac{1}{(R_1 + 2R_2)C\ln 2} \tag{8.5.6}$$

通过改变 R 和 C 的参数即可改变振荡频率。用 CB555 组成的多谐振荡器最高振荡频率达 500 kHz，用 CB7555 组成的多谐振荡器最高振荡频率可达 1MHz。

由式（8.5.3）和式（8.5.4）求出输出脉冲的占空比为

$$q = \frac{T_1}{T} = \frac{R_1 + R_2}{R_1 + 2R_2} \tag{8.5.7}$$

式（8.5.7）说明，图 8.5.4 电路输出脉冲的占空比始终大于 50%。为了得到小于或等于 50% 的占空比，可以采用如图 8.5.6 所示的改进电路。由于接入了二极管 D_1 和 D_2，电容的充电和放电电流流经不同的路径，充电电流只流经 R_1，放电电流只流经 R_2，因此电容 C 的充电时间变为

$$T_1 = R_1 C \ln 2 \tag{8.5.8}$$

而放电时间为

$$T_2 = R_2 C \ln 2 \tag{8.5.9}$$

故得输出脉冲的占空比为

$$q = \frac{R_1}{R_1 + R_2} \tag{8.5.10}$$

若取 $R_1 = R_2$，则 $q = 50\%$。

图 8.5.6 所示电路的振荡周期也相应地变成

$$T = T_1 + T_2 = (R_1 + R_2)C\ln 2 \tag{8.5.11}$$

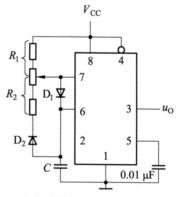

图 8.5.6　由 555 定时器构成的占空比可调的多谐振荡器

本章小结

由门电路构成的单稳态触发器输出信号的宽度完全由电路参数决定，与输入信号无关，输入信号只起到触发作用。因此可以用于产生固定脉冲的信号。

施密特触发器输出的高低电平随输入信号的电平改变，所以输出脉冲的宽度是由输入信号决定的。

多谐振荡器无须外加输入信号就可自行产生矩形波输出。在频率稳定要求较高的场合通常采用石英晶体振荡器。

555 定时器应用十分广泛，多用于脉冲产生、整形及定时等，用它可以组成单稳态触发器、施密特触发器及多谐振荡器，还可以组成其他多种实用的电路。

习　题

8.1　电路如图题 8.1 所示。

（1）分析电路的工作原理；

（2）画出加入触发脉冲后 u_{O1}，u_{O2}，u_R 的工作波形；

（3）写出脉宽 t_w 的表达式。

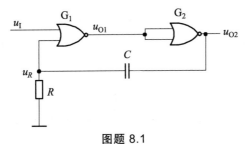

图题 8.1

8.2　由集成单稳态触发器 74121 组成的延时电路及输入波形如图题 8.2 所示。

（1）计算输出脉宽的变化范围；（2）解释为什么使用电位器时要串接一个电阻。

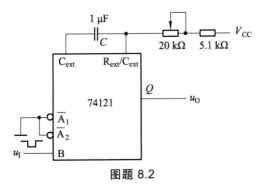

图题 8.2

8.3　整形电路如图题 8.3 所示，试画出输出电压的波形。输入电压波形如图中所示，假定它的低电平持续时间比 RC 电路的时间常数大得多。

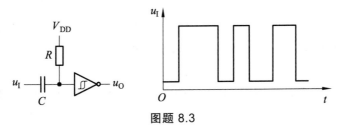

图题 8.3

8.4   如图题 8.4 所示电路为 CMOS 或非门构成的多谐振荡器，图中 $R_S = 10R$。

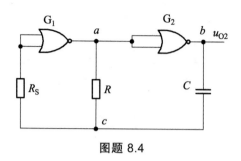

图题 8.4

（1）画出 a、b、c 各点的波形；

（2）计算电路的振荡周期；

（3）当阈值电压 U_{TH} 由 $V_{DD}/2$ 改变为 $2V_{DD}/3$ 时，电路的振荡频率如何变化？

8.5   图题 8.5 所示的非对称式多谐振荡器电路中，若 G_1、G_2 为 CMOS 反相器，$R_F = 9.1\ \mathrm{k\Omega}$，$C = 0.001\ \mathrm{\mu F}$，$R_P = 100\ \mathrm{k\Omega}$，$V_{DD} = 5\ \mathrm{V}$，$U_{TH} = 2.5\ \mathrm{V}$，试计算电路的振荡频率。

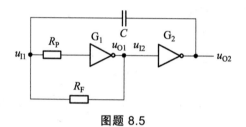

图题 8.5

8.6   如图题 8.6 所示，已知电路中 R_1、R_2、C 及 V_{DD}、U_{T+}、U_{T-} 的值。

（1）定性画出 u_C 及 u_O 波形；

（2）写出输出信号频率的表达式。

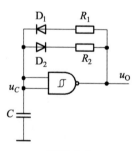

图题 8.6

8.7   试用 555 定时器设计一个单稳态触发器，要求输出脉冲宽度在 $1 \sim 10\ \mathrm{s}$ 的范围内手动可调。给定 555 定时器的电源为 $15\ \mathrm{V}$。触发信号来自 TTL 电路，高低电平分别为 $3.4\ \mathrm{V}$ 和 $0.1\ \mathrm{V}$。

8.8   如图题 8.8 所示，用 555 定时器组成的多谐振荡器，若 $R_1 = R_2 = 5.1\ \mathrm{\Omega}$，$C = 0.01\ \mathrm{\mu F}$，$V_{CC} = 12\ \mathrm{V}$，试求电路的振荡频率。

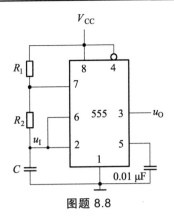

图题 8.8

8.9　如图题 8.9 所示的锯齿波发生器，已知 T、R_1、R_2、R_e 组成恒流源，给定时电容 C 充电，当触发输入端输入负脉冲后，画出电容电压 u_C 及 555 输出端 u_O 波形，并计算电容 C 的充电时间。

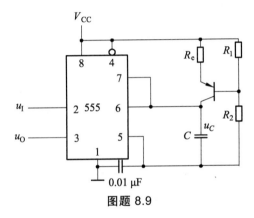

图题 8.9

8.10　图题 8.10 所示为一报警发音电路，在图中给出的电路参数下，试计算扬声器发出的高、低频率以及各自持续的时间。当 $V_{CC} = 12\,\text{V}$ 时，555 定时器输出的高低电平分别为 $11\,\text{V}$ 和 $0.2\,\text{V}$，输出电阻小于 $100\,\Omega$。

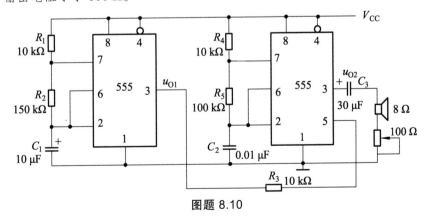

图题 8.10

8.11　脉冲波形产生电路如图题 8.11 所示。（1）试简述电路各部分的功能；（2）画出电路中 A、B、C、D 各点的对应波形。

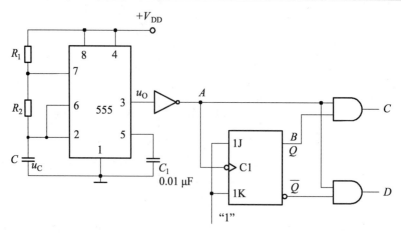

图题 8.11

8.12 图题 8.12 所示为由 555 定时器和 D 触发器构成的电路，请问：（1）555 定时器构成的是哪种脉冲电路？（2）画出 u_C、u_{O1}、u_{O2} 的波形；（3）计算 u_{O1}、u_{O2} 的频率。

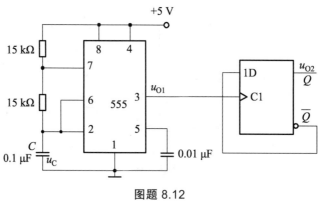

图题 8.12

第 9 章　模数与数模转换电路

随着数字技术特别是计算机技术的飞速发展与普及，在现代控制、通信及检测领域中，为提高系统的性能指标，对信号的处理广泛采用了数字计算机技术。由于系统的实际处理对象往往都是一些模拟量（如温度、压力、位移、图像等），要使计算机或数字仪表能识别和处理这些信号，必须首先将这些模拟信号转换成数字信号；而经计算机分析、处理后输出的数字量往往也需要将其转换成为相应的模拟信号才能为执行机构所接收。这样，就需要一种能在模拟信号与数字信号之间起桥梁作用的电路——模数转换电路和数模转换电路。

能将模拟信号转换成数字信号的电路，称为模数转换器（简称 A/D 转换器）；而能把数字信号转换成模拟信号的电路称为数模转换器（简称 D/A 转换器）。A/D 转换器和 D/A 转换器已经成为计算机系统中不可缺少的接口电路。

为确保系统处理结果的精确度，A/D 转换器和 D/A 转换器必须具有足够的转换精度；如果要实现对快速变化信号的实时控制与检测，A/D 与 D/A 转换器还要求具有较高的转换速度。转换精度与转换速度是衡量 A/D 与 D/A 转换器的重要技术指标。

随着集成技术的飞速发展，现已研制和生产出许多单片的和混合集成型的 A/D 和 D/A 转换器。它们具有愈来愈先进的技术指标。在本章中，将介绍几种常用 A/D 与 D/A 转换器的电路结构、工作原理及其应用。

9.1　D/A 转换器

9.1.1　D/A 转换器的基本原理

我们知道，数字量是用代码按数位组合起来表示的，对于有权码，每位代码都有一定的权。为了将数字量转换成模拟量，必须将每 1 位的代码按其权的大小转换成相应的模拟量，然后将这些模拟量相加，即可得到与数字量成正比的总模拟量，从而实现数字—模拟转换。这就是构成 D/A 转换器的基本思路。

图 9.1.1 所示是 D/A 转换器的输入、输出关系框图，$D_0 \sim D_{n-1}$ 是输入的 n 位二进制数，u_O 是与输入二进制数成比例的输出电压。

图 9.1.2 所示是一个输入为 3 位二进制数的 D/A 转换器的转换特性，它具体而形象地反映了 D/A 转换器的基本功能。

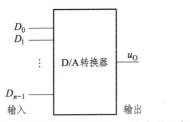

图 9.1.1　D/A 转换器的输入、输出关系框图

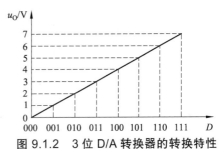

图 9.1.2　3 位 D/A 转换器的转换特性

9.1.2 倒 T 形电阻网络 D/A 转换器

在单片集成 D/A 转换器中，使用最多的是倒 T 形电阻网络 D/A 转换器。下面以四位 D/A 转换器为例说明其工作原理。

四位倒 T 形电阻网络 D/A 转换器的原理图如图 9.1.3 所示。图中 $S_0 \sim S_3$ 为模拟开关，R—$2R$ 电阻解码网络呈倒 T 形，运算放大器 A 构成反向求和电路。模拟开关 S_j 由输入数码 D_j 控制，当 $D_j = 1$ 时，S_j 接运算放大器反相输入端，电流 I_j 流入求和电路；当 $D_j = 0$ 时，S_j 将电阻 $2R$ 接地。根据运算放大器线性应用时的"虚地"概念可知，无论模拟开关 S_j 处于何种位置，与 S_j 相连的 $2R$ 电阻均将接"地"（地或虚地）。这样流经 $2R$ 电阻的电流与开关位置无关，为确定值。分析 R—$2R$ 电阻解码网络不难发现，从每个节点向左看的二端网络等效电阻均为 R，流入每个 $2R$ 电阻的电流从高位到低位按 2 的整倍数递减。设由基准电压源提供的总电流为 $I(I = U_{\text{REF}} / R)$，则流过各开关支路（从右到左）的电流分别为 $I/2$、$I/4$、$I/8$ 和 $I/16$。于是可得总电流

$$i_\Sigma = \frac{U_{\text{REF}}}{R}\left(\frac{D_0}{2^4} + \frac{D_1}{2^3} + \frac{D_2}{2^2} + \frac{D_3}{2^1}\right) = \frac{U_{\text{REF}}}{2^4 \times R}\sum_{i=0}^{3}(D_i \cdot 2^i) \qquad (9.1.1)$$

输出电压

$$u_O = -i_\Sigma R_f = -\frac{R_f}{R} \cdot \frac{U_{\text{REF}}}{2^4}\sum_{i=0}^{3}(D_i \cdot 2^i) \qquad (9.1.2)$$

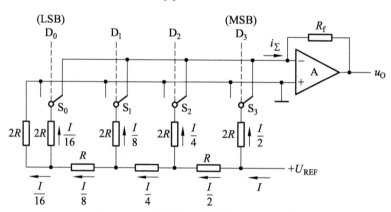

图 9.1.3 例 T 形电阻网络 D/A 转换器

将输入数字量扩展到 n 位，可得 n 位倒 T 形电阻网络 D/A 转换器输出模拟量与输入数字量之间的一般关系式如下：

$$u_O = -\frac{R_f}{R} \cdot \frac{U_{\text{REF}}}{2^n}\left[\sum_{i=0}^{n-1}(D_i \cdot 2^i)\right] \qquad (9.1.3)$$

若将式（9.1.3）中的 $\frac{R_f}{R} \cdot \frac{U_{\text{REF}}}{2^n}$ 用系数 K 表示，中括号中的 n 位二进制数用 N_B 表示，则式（9.1.3）可改写为

$$u_O = -KN_B \qquad (9.1.4)$$

式（9.1.4）表明，对于在图 9.1.3 所示电路中输入的每一个二进制数 N_B，均能在其输出端得到与之成正比的模拟电压 u_O。

通过以上分析可以看出，要使 D/A 转换器具有较高的精度，对电路中的参数有以下要求：

（1）基准电压稳定性好；

（2）倒 T 形电阻网络中 R 和 2R 电阻的比值精度要高；

（3）每个模拟开关的开关电压降要相等。为实现电流从高位到低位按 2 的整倍数递减，模拟开关的导通电阻也相应地按 2 的整倍数递增。

由于在倒 T 形电阻网络 D/A 转换器中，各支路电流直接流入运算放大器的输入端，它们之间不存在传输上的时间差。电路的这一特点不仅提高了转换速度，而且也减少了动态过程中输出端可能出现的尖脉冲。它是目前广泛使用的 D/A 转换器中速度较快的一种。常用的 CMOS 开关倒 T 形电阻网络 D/A 转换器的集成电路有 AD7520（10 位）、DACl210（12 位）和 AK7546（16 位高精度）等。

9.1.3　权电流型 D/A 转换器

尽管倒 T 形电阻网络 D/A 转换器具有较高的转换速度，但由于电路中存在模拟开关电压降，当流过各支路的电流稍有变化时，就会产生转换误差。为进一步提高 D/A 转换器的转换精度，可采用权电流型 D/A 转换器。图 9.1.4 所示为一个 4 位权电流 D/A 转换器的原理电路。这组恒流源从高位到低位电流的大小依次为 $I/2$、$I/4$、$I/8$、$I/16$。

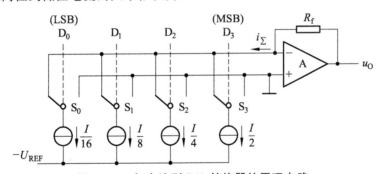

图 9.1.4　权电流型 D/A 转换器的原理电路

在图 9.1.4 所示电路中，当输入数字量的某一位代码 $D_j = 1$ 时，开关 S_j 接运算放大器的反相输入端，其相应的权电流流入求和电路；当 $D_j = 0$ 时，开关 S_j 接地。分析该电路可得出

$$
\begin{aligned}
u_O &= i_\Sigma R_f \\
&= R_f\left(\frac{I}{2}D_3 + \frac{I}{4}D_2 + \frac{I}{8}D_1 + \frac{I}{16}D_0\right) \\
&= \frac{I}{2^4} \cdot R_f(D_3 \cdot 2^3 + D_2 \cdot 2^2 + D_1 \cdot 2^1 + D_0 \cdot 2^0) \\
&= \frac{I}{2^4} \cdot R_f \sum_{i=0}^{3} D_i \cdot 2^i
\end{aligned}
\tag{9.1.5}
$$

采用了恒流源电路之后，各支路权电流的大小均不受开关导通电阻和压降的影响，这就降低了对开关电路的要求，提高了转换精度。

若将图 9.1.4 所示电路中的恒流源采用具有电流负反馈的 BJT 恒流源电路，即可得如图 9.1.5 所示的权电流 D/A 转换器的实际电路。

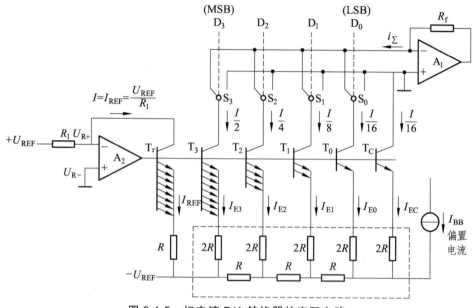

图 9.1.5　权电流 D/A 转换器的实际电路

为了消除因各 BJT 发射极电压 U_{BE} 的不一致性对 D/A 转换器精度的影响，图中 $T_3 \sim T_0$ 均采用了多发射极晶体管，其发射极个数是 8、4、2、1，即 $T_3 \sim T_0$ 发射极面积之比为 8：4：2：1。这样，在各 BJT 电流比值为 8：4：2：1 的情况下，$T_3 \sim T_0$ 的发射极电流密度相等，可使各发射结电压 U_{BE} 相同。由于 $T_3 \sim T_0$ 的基极电压相同，所以它们的发射极 e_3、e_2、e_1、e_0 就为等电位点。在计算各支路电流时，将它们等效连接后，可看出倒 T 形电阻网络与图 9.1.3 中工作状态完全相同，流入每个 $2R$ 电阻的电流从高位到低位依次减少 1/2，各支路中电流分配比例满足 8：4：2：1 的要求。

基准电流 I_{REF} 产生电路由运算放大器 A_2、R_1、T_r、R 和 U_{REF} 组成，A_2 与 R_1 和 T_r 的 cb 结组成电压并联负反馈电路，以稳定输出电压，即 T_r 的基极电压。T_r 的 cb 结、电阻 R 到 U_{REF} 为反馈电路的负载，由于电路处于深度负反馈，根据虚短的原理，其基准电源为

$$I_{REF} = \frac{U_{REF}}{R_1} = 2I_{E3} \qquad (9.1.6)$$

由倒 T 形电阻网络分析可知，$I_{E3} = \frac{1}{2}I_{REF}$，$I_{E2} = \frac{1}{4}I_{REF}$，$I_{E1} = \frac{1}{8}I_{REF}$，$I_{E0} = \frac{1}{16}I_{REF}$，于是可得输出电压为

$$u_O = i_\Sigma R_f = \frac{R_f U_{REF}}{2^4 R_1}(D_3 \cdot 2^3 + D_2 \cdot 2^2 + D_1 \cdot 2^1 + D_0 \cdot 2^0)$$

可推得 n 位倒 T 形权电流 D/A 转换器的输出电压为

$$u_O = \frac{U_{REF}}{R_1} \cdot \frac{R_f}{2^n} \sum_{i=0}^{n-1} D_i \cdot 2^i \qquad (9.1.7)$$

式（9.1.7）表明，基准电流仅与基准电压 U_{REF} 和电阻 R_1 有关，而与 BJT、R、$2R$ 电阻无关。这样，电路降低了对 BJT 参数及 R、$2R$ 取值的要求，对于集成化十分有利。

由于在这种权电流 D/A 转换器中采用了高速电子开关，电路还具有较高的转换速度。采用这种权电流型 D/A 转换电路生产的单片集成 D/A 转换器有 AD1408、DAC0806、DAC0808 等。这些器件都采用双极型工艺制作，工作速度较高。

9.1.4 权电流型 D/A 转换器应用举例

图 9.1.6 是权电流型 D/A 转换器 DAC0808 的电路结构框图，图中 $D_0 \sim D_7$ 是 8 位数字量输入端，I_O 是求和电流的输出端。U_{R+} 和 U_{R-} 接基准电流发生电路中运算放大器的反相输入端和同相输入端。COMP 供外接补偿电容之用。V_{CC} 和 V_{EE} 为正负电源输入端。

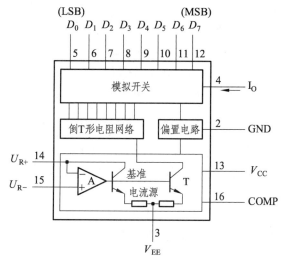

图 9.1.6 权电流型 D/A 转换器 DAC0808 的电路结构框图

用 DAC808 这类器件构成 D/A 转换器时，需要外接运算放大器和产生基准电流用的电阻 R_1，如图 9.1.7 所示。

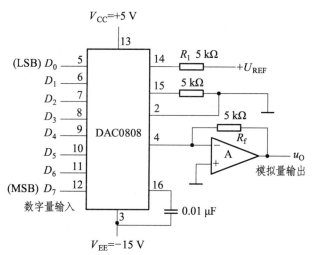

图 9.1.7 DAC0808 D/A 转换器的典型应用

在 $U_{REF} = 10\ V$、$R_1 = 5\ k\Omega$、$R_f = 5\ k\Omega$的情况下，根据式（9.1.7）可知输出电压为

$$u_O = \frac{R_f U_{REF}}{2^8 R_1} \sum_{i=0}^{7} D_i \cdot 2^i = \frac{10}{2^8} \sum_{i=0}^{7} D_i \cdot 2^i$$

当输入的数字量在全 0 和全 1 之间变化时，输出模拟电压的变化范围为 0 ~ 9.96 V。

9.1.5 D/A 转换器的主要技术指标

D/A 转换器的主要技术指标有转换精度、转换速度和温度特性等。

1. 转换精度

D/A 转换器的转换精度通常用分辨率和转换误差来描述。

分辨率用于表征 D/A 转换器对输入微小变化的敏感程度。其定义为 D/A 转换器模拟输出电压可能被分离的等级数。输入数字量位数越多，输出电压可分离的等级越多，即分辨率越高。在实际应用中，往往用输入数字量的位数表示 D/A 转换器的分辨率。此外，D/A 转换器也可以用能分辨的最小输出电压（此时输入的数字代码只有最低有效位为 1，其余各位都是 0）与最大输出电压（此时输入的数字代码各有效位全为 1）之比给出。n 位 D/A 转换器的分辨率可表示为 $\frac{1}{2^n - 1}$，它表示 D/A 转换器在理论上可以达到的精度。

由于 D/A 转换器中各组件参数值存在误差，基准电压不够稳定和运算放大器的零漂等各种因素的影响，使得 D/A 转换器实际精度还与一些转换误差有关，如比例系数误差、失调误差和非线性误差等。

比例系数误差是指实际转换特性曲线的斜率与理想特性曲线斜率的偏差。如在 n 位倒 T 形电阻网络 D/A 转换器中，当 U_{REF} 偏离标准值 ΔU_{REF} 时，就会在输出端产生误差电压 Δu_O。由式（9.1.3）可知

$$\Delta u_O = -\frac{R_f}{R} \cdot \frac{\Delta U_{REF}}{2^n} \left[\sum_{i=0}^{n-1} (D_i \cdot 2^i) \right]$$

由 ΔU_{REF} 引起的误差属于比例系数误差。4 位 D/A 转换器的比例系数误差如图 9.1.8 所示。

失调误差由运算放大器的零点漂移引起，其大小与输入数字量无关，该误差使输出电压的转移特性曲线发生平移。4 位 D/A 转换器的失调误差如图 9.1.9 所示。

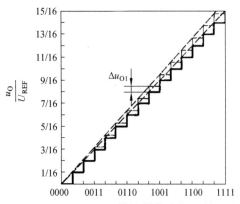

图 9.1.8 4 位 D/A 转换器的比例系数误差

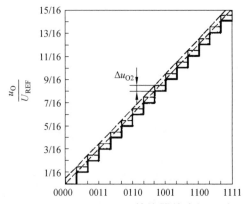

图 9.1.9 4 位 D/A 转换器的失调误差

非线性误差是一种没有一定变化规律的误差，一般用在满刻度范围内偏离理想的转移特性的最大值来表示。引起非线性误差的原因较多，如电路中的各种模拟开关不仅存在不同的导通电压和导通电阻，而且每个开关处于不同位置（接地或接 U_{REF}）时，其开关压降和电阻也不一定相等。又如，在电阻网络中，每个支路上电阻误差不相同，不同位置上的电阻的误差对输出电压的影响也不相同等，这些都会导致非线性误差。

综上所述，为获得高精度的 D/A 转换器，不仅要选择位数较多的高分辨率的 D/A 转换器，而且还要选出高稳定度的 U_{REF} 和低零漂的运算放大器等器件与之配合才能达到要求。

2. 转换速度

当 D/A 转换器输入的数字量发生变化时，输出的模拟量并不能立即达到所对应的量值，它需要一段时间。通常用建立时间和转换速率两个参数来描述 D/A 转换器的转换速度。建立时间（t_{set}）指输入数字量变化时，输出电压变化到相应稳定电压值所需的时间。

一般建立时间用 D/A 转换器输入的数字量 N_B 从全 0 变为全 1 时，输出电压达到规定的误差范围（±LSB/2）时所需时间表示。D/A 转换器的建立时间较快，单片集成 D/A 转换器建立时间最短可达 0.1 μs 以内。

转换速率（SR）用大信号工作状态下模拟电压的变化率表示。一般 D/A 转换器在不包含外接参考电压源和运算放大器时，转换速率比较高。实际应用中，要实现快速 D/A 转换，不仅要求 D/A 转换器有较高的转换速率，而且还应选用转换速率较高的集成运算放大器与之配合使用才行。

3. 温度系数

温度系数是指在输入不变的情况下，输出模拟电压随温度变化而产生的变化量。一般用满刻度输出条件下温度每升高 1 ℃，输出电压变化的百分数作为温度系数。

9.2 A/D 转换器

9.2.1 A/D 转换的一般步骤和取样定理

在 A/D 转换器中，因为输入的模拟信号在时间上是连续量，而输出的数字信号代码是离散量，所以进行转换时必须在一系列选定的瞬间（亦即时间坐标轴上的一些规定点上）对输入的模拟信号取样，然后再把这些取样值转换为输出的数字量。因此，一般的 A/D 转换过程是通过取样、保持、量化和编码这 4 个步骤完成的，如图 9.2.1 所示。需要说明的是，在实际电路中，这些步骤往往是合并进行的，例如，取样和保持就是利用同一个电路连续进行的，量化和编码也是在转换过程中同时实现的，而且所占用的时间又是保持时间的一部分。

1. 取样定理

可以证明，为了正确无误地用图 9.2.2 中所示的取样信号 u_S 表示模拟信号 u_I，必须满足：

$$f_s \geqslant 2f_{imax} \tag{9.2.1}$$

式中，f_s 为取样频率，f_{imax} 为输入信号 u_I 的最高频率分量的频率，式（9.2.1）称为采样定理。

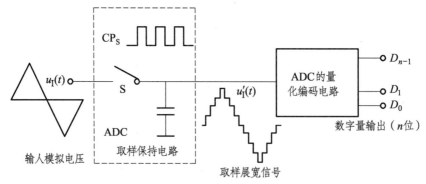

图 9.2.1   模拟量到数字量的转换过程

在满足式（9.2.1）的条件下，可以用一个低通滤波器将信号 u_S 还原为 u_I，这个低通滤波器的电压传输系数 $|A(f)|$ 在低于 f_{imax} 的范围内应保持不变，而在 f_s-f_{imax} 以前应迅速下降为零，如图 9.2.3 所示。因此，取样定理规定了 A/D 转换的频率下限。

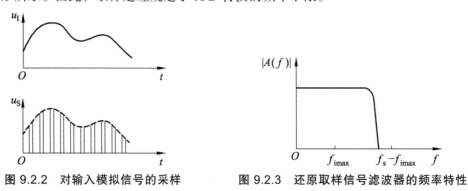

图 9.2.2   对输入模拟信号的采样   图 9.2.3   还原取样信号滤波器的频率特性

因为每次把取样电压转换为相应的数字量都需要一定的时间，所以在每次取样以后，必须把取样电压保持一段时间。可见，进行 A/D 转换时所用的输入电压，实际上是每次取样结束时的 u_I 值。

2. 量化和编码

我们知道，数字信号不仅在时间上是离散的，而且在数值上的变化也不是连续的。这就是说，仅何一个数字量的大小，都是以某个最小数量单位的整倍数来表示的。因此，在用数字量表示取样电压时，也必须把它化成这个最小数量单位的整倍数，这个转化过程就叫做量化。所规定的最小数量单位叫做量化单位，用 Δ 表示。显然，数字信号最低有效位中的 1 表示的数量大小就等于 Δ。把量化的数值用二进制代码表示，称为编码。

这个二进制代码就是 A/D 转换的输出信号。

既然模拟电压是连续的，那么它就不一定能被 Δ 整除，因而不可避免地会引入误差，我们把这种误差称为量化误差。在把模拟信号划分为不同的量化等级时，用不同的划分方法可以得到不同的量化误差。

假定需要把 $0 \sim +1\text{ V}$ 的模拟电压信号转换成 3 位二进制代码，这时可以取 $\Delta = \dfrac{1}{8}\text{ V}$，并规定凡数值在 $0 \sim \dfrac{1}{8}\text{ V}$ 之间的模拟电压都当作 $0 \times \Delta$ 看待，用二进制的 000 表示；凡数值在

$\frac{1}{8}\sim\frac{2}{8}$ V 之间的模拟电压都当作 $1\times\Delta$ 看待，用二进制的 001 表示……如图 9.2.4（a）所示。

不难看出，最大的量化误差可达 Δ，即 $\frac{1}{8}$ V。

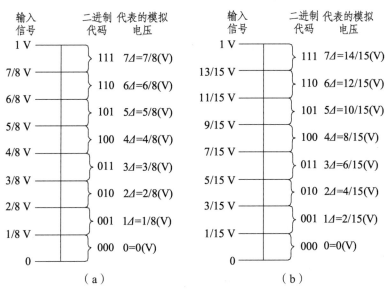

图 9.2.4　划分量化电平的两种方法

为了减小量化误差，通常采用图 9.2.4（b）所示的划分方法，取量化单位 $\Delta=\frac{2}{15}$ V，并将 000 代码所对应的模拟电压规定为 $0\sim\frac{1}{15}$ V，即 $0\sim\Delta/2$。这时，最大量化误差将减小为 $\Delta/2=\frac{1}{15}$ V。这个道理不难理解，因为现在把每个二进制代码所代表的模拟电压值规定为它所对应的模拟电压范围的中点，所以最大的量化误差自然就缩小为 $\Delta/2$ 了。

9.2.2　取样－保持电路

1. 电路组成及工作原理

取样－保持电路的基本形式如图 9.2.5 所示。图中的 N 沟道 MOS 管 T 作为取样开关用。当取样控制信号 u_L 为高电平时，场效应管 T 导通，输入信号 u_I 经电阻 R_i 和 T 向电容 C_h 充电。若取 $R_i=R_f$ 并忽略运算放大器的输入电流，则充电结束后 $u_O=-u_I=u_C$。在取样控制信号返回低电平后，场效应管 T 截止。由于 C_h 上的电压可以在一段时间内基本保持不变，所以 u_O 的数值也被保存下来。显然，C_h 的漏电流越小，运算放大器的输入阻抗越高，u_O 的保持时间越长。

然而，图 9.2.5 所示电路是不完善的，因为取样过程中需要通过 R_i 和 T 向 C_h 充电，所以使取样速度受到了限制。同时，R_i 的数值又不允许取得很小，否则会进一步降低取样电路的输入电阻。

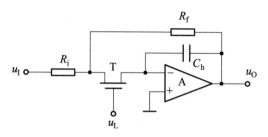

图 9.2.5　取样—保持电路的基本形式

2. 改进电路及其工作原理

图 9.2.6 是单片集成取样—保持电路 LEI98 的电路原理图及符号，它是一个经过改进的取样—保持电路。图中 A_1、A_2 是两个运算放大器，S 是电子开关，L 是开关的驱动电路，当逻辑输入 u_L 为 1 即高电平时，S 闭合；u_L 为 0 即低电平时，S 断开。

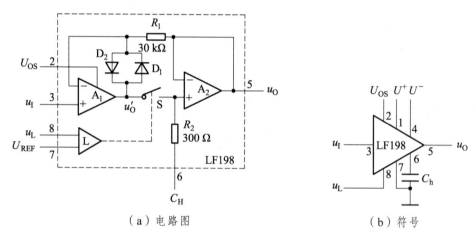

（a）电路图　　　　　　　　　　（b）符号

图 9.2.6　单片集成取样—保持电路 LEI98 的电路原理图及符号

当 S 闭合时，A_1、A_2 均工作在单位增益的电压跟随器状态，所以 $u_O = u_O' = u_I$。如果将电容 C_h 接到 R_2 的引出端和地之间，则电容上的电压也等于 u_I。当 u_L 返回低电平以后，虽然 S 断开了，但由于 C_h 上的电压不变，所以输出电压 u_O 的数值得以保持下来。

在 S 再次闭合以前的这段时间里，如果 u_I 发生变化，u_O' 可能变化非常大，甚至会超过开关电路所能承受的电压，因此需要增加 D_1 和 D_2 构成保护电路。当 u_O' 比 u_O 所保持的电压高（或低）一个二极管的压降时，D_1（或 D_2）导通，从而将 u_O' 限制在 $u_I + u_D$ 以内。而在开关 S 闭合的情况下，u_O' 和 u_O 相等，故 D_1 和 D_2 均不导通，保护电路不起作用。

9.2.3　并行比较型 A/D 转换器

3 位并行比较型 A/D 转换器原理电路如图 9.2.7 所示，它由电压比较器、寄存器和代码转换器三部分组成。输入电压 u_I 为 $0 \sim U_{REF}$ 之间的模拟电压，输出为 3 位二进制数码 $D_2D_1D_0$。这里略去取样—保持电路，假定输入模拟电压 u_I 已经是取样—保持电路的输出电压了。

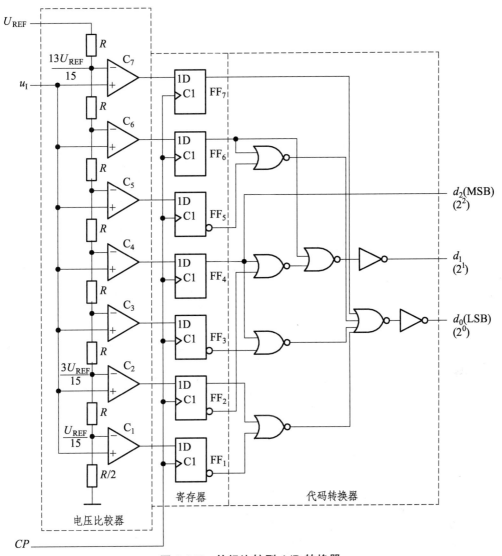

图 9.2.7　并行比较型 A/D 转换器

电压比较器中量化电平的划分采用图 9.2.4（b）所示的方式，用电阻链把参考电压 U_{REF} 分压，得到从 $\dfrac{1}{15}U_{REF}$ 到 $\dfrac{13}{15}U_{REF}$ 之间的 7 个比较电平，量化单位 $\Delta = \dfrac{2}{15}U_{REF}$。然后，把这 7 个比较电平分别接到 7 个比较器 $C_1 \sim C_7$ 的输入端作为比较基准。同时将输入的模拟电压同时加到每个比较器的另一个输入端上，与这 7 个比较基准进行比较。

若 $u_I \leqslant \dfrac{1}{15}U_{REF}$，则所有比较器的输出端全是低电平，CP 脉冲上升沿到达后，寄存器中所有 D 触发器均被置成 0 状态。

若 $\dfrac{1}{15}U_{REF} \leqslant u_I \leqslant \dfrac{3}{15}U_{REF}$，则只有 C_1 输出高电平，CP 脉冲上升沿到达后，触发器 FF_1 被置 1，其余触发器被置 0。

依此类推，便可列出 u_I 为不同电压时寄存器的状态，如表 9.2.1 所示。不过寄存器输出的是 7 位二值代码，还不是所要求的二进制数，因此还必须进行代码转换。

在图 9.2.7 中，代码转换器是一个组合逻辑电路，根据该电路的输入、输出逻辑函数关系，可求得代码转换关系如表 9.2.1 所示。反之，根据表 9.2.1 代码转换关系求出逻辑函数，亦可画出图 9.2.7 所示的代码转换电路。

表 9.2.1　3 位并行 A/D 转换器输入与输出转换关系对照表

输入模拟电压 u_I	寄存器状态（代码转换器输入）							数字量输出（代码转换器输出）		
	Q_7	Q_6	Q_5	Q_4	Q_3	Q_2	Q_1	D_2	D_1	D_0
$\left(0 \sim \dfrac{1}{15}\right)U_{REF}$	0	0	0	0	0	0	0	0	0	0
$\left(\dfrac{1}{15} \sim \dfrac{3}{15}\right)U_{REF}$	0	0	0	0	0	0	1	0	0	1
$\left(\dfrac{3}{15} \sim \dfrac{5}{15}\right)U_{REF}$	0	0	0	0	0	1	1	0	1	0
$\left(\dfrac{5}{15} \sim \dfrac{7}{15}\right)U_{REF}$	0	0	0	0	1	1	1	0	1	1
$\left(\dfrac{7}{15} \sim \dfrac{9}{15}\right)U_{REF}$	0	0	0	1	1	1	1	1	0	0
$\left(\dfrac{9}{15} \sim \dfrac{11}{15}\right)U_{REF}$	0	0	1	1	1	1	1	1	0	1
$\left(\dfrac{11}{15} \sim \dfrac{13}{15}\right)U_{REF}$	0	1	1	1	1	1	1	1	1	0
$\left(\dfrac{13}{15} \sim 1\right)U_{REF}$	1	1	1	1	1	1	1	1	1	1

在上述并行比较 A/D 转换器中，输入电压 u_I 同时加到所有比较器的输入端，从 u_I 加入到 3 位数字量稳定输出所经历的时间，为比较器、D 触发器和编码器延迟时间之和。如不考虑上述器件的延迟，可认为 3 位数字量是与 u_I 输入时刻同时获得的。所以并行比较型 A/D 转换器具有最短的转换时间。

单片集成并行比较型 A/D 转换器的产品较多，如 AD 公司的 AD9012（TTL 工艺，8 位）、AD9002（ECL 工艺，8 位）、AD9020（TTL 工艺，10 位）等。

并行 A/D 转换器具有如下特点：

（1）由于转换是并行的，其转换时间只受比较器、触发器和编码电路延迟时间限制，因此转换速度最快。

（2）随着分辨率的提高，组件数目要按几何级数增加。一个 n 位转换器，所用的比较器个数为 $2^n - 1$，如 8 位的并行 A/D 转换器就需要 $2^8 - 1 = 255$ 个比较器。由于位数愈多，电路愈复杂，因此制成分辨率较高的集成并行 A/D 转换器是比较困难的。

（3）使用图 9.2.7 所示这种含有寄存器的并行 A/D 转换电路时，可以不用附加取样—保持电路，因为比较器和寄存器这两部分也兼有取样—保持功能。这也是该电路的一个优点。

9.2.4　逐次比较型 A/D 转换器

在直接 A/D 转换器中，逐次比较型 A/D 转换器是目前采用最多的一种。逐次逼近转换过程与用天平称重非常相似。天平称重过程是从最重的砝码开始试放，与被称物体进行比较，若物体重于砝码，则该砝码保留，否则移去。再加上第二个次重砝码，由物体的重量是否大于砝码的重量决定第二个砝码是留下还是移去。照此一直加到最小一个砝码为止。将所有留下的砝码重量相加，就得到物体的重量。按照天平称重的思路，逐次比较型 A/D 转换器，就是将输入模拟信号与不同的参考电压做多次比较，使转换所得的数字量在数值上逐次逼近输入模拟量的对应值。

4 位逐次比较型 A/D 转换器的逻辑电路如图 9.2.8 所示。图中 5 位移位寄存器可进行并入/并出或串入/串出操作，其输入端 F 为并行置数使能端，高电平有效。其输入端 S 为高位串行数据输入。数据寄存器由 D 边沿触发器组成，数字量从 $Q_4 \sim Q_1$ 输出。

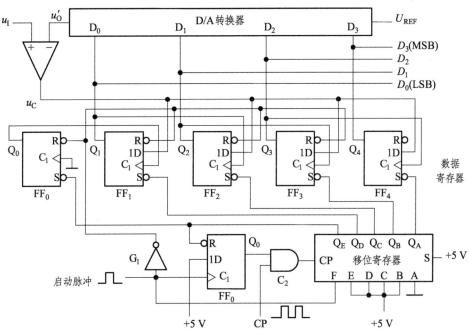

图 9.2.8　四位逐次比较型 A/D 转换器的逻得电路

电路工作过程如下：当启动脉冲上升沿到达后，$FF_0 \sim FF_3$ 被清零，Q_5 置 1，Q_5 的高电平开启与门 G_2，时钟脉冲 CP 进入移位寄存器。在第一个 CP 脉冲作用下，由于移位寄存器的置数使能端 F 已由 0 变 1，并行输入数据 ABCDE 置入，$Q_A Q_B Q_C Q_D Q_E = 01111$，$Q_A$ 的低电平使数据寄存器的最高位（Q_4）置 1，即 $Q_4 Q_3 Q_2 Q_1 = 1000$。D/A 转换器将数字量 1000 转换为模拟电压 u'_O，送入比较器 C 与输入模拟电压 u_I 比较，若 $u_I > u'_O$，则比较器 C 输出 u_C 为 1，否则为 0。比较结果送 $D_4 \sim D_1$。

第二个 CP 脉冲到来后，移位寄存器的串行输入端 S 为高电平，Q_A 由 0 变 1，同时最高位 Q_A 的 0 移至次高位 Q_B。于是数据寄存器的 Q_3 由 0 变 1，这个正跳变作为有效触发信号加到 FF_4 的 CP 端，使 u_C 的电平得以在 Q_4 保存下来。此时，由于其他触发器无正跳变触发脉冲，u_C 的信号对它们不起作用。Q_3 变 1 后，建立了新的 D/A 转换器的数据，输入电压再与其输

出电压 u'_O 进行比较，比较结果在第三个时钟脉冲作用下存于 Q_3……如此进行，直到 Q_E 由 1 变 0 时，使触发器 FF_0 的输出端 Q_0 产生由 0 到 1 的正跳变，作触发器 FF_1 的 CP 脉冲，使上一次 A/D 转换后的 u_C 电平保存于 Q_1。同时使 Q_5 由 1 变 0 后将 G_2 封锁，一次 A/D 转换过程结束。于是电路的输出端 $D_3D_2D_1D_0$ 得到与输入电压 u_1 成正比的数字量。

由以上分析可见，逐次比较型 A/D 转换器完成一次转换所需时间与其位数和时钟脉冲频率有关，位数愈少，时钟频率越高，转换所需时间越短。这种 A/D 转换器具有转换速度快、精度高的特点。

常用的集成逐次比较型 A/D 转换器有 ADC0808/0809 系列（8）位、AD575（10 位）、AD574A（12 位）等。

9.2.5 双积分型 A/D 转换器

双积分型 A/D 转换器是一种间接 A/D 转换器。它的基本原理是，对输入模拟电压和参考电压分别进行两次积分，将输入电压平均值变换成与之成正比的时间间隔，然后利用时钟脉冲和计数器测出此时间间隔，进而得到相应的数字量输出。由于该转换电路是对输入电压的平均值进行转换，所以它具有很强的抗工频干扰能力，在数字测量中得到广泛应用。

图 9.2.9 是这种转换器的原理电路，它由积分器（由集成运放 A 组成）、过零比较器（C）\时钟脉冲控制门（G）和定时器/计数器（$FF_0 \sim FF_n$）等几部分组成。

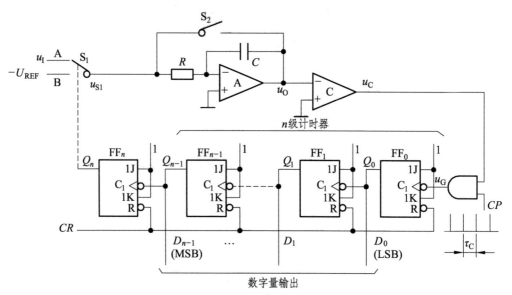

图 9.2.9 双积分型 A/D 转换器

积分器：积分器是转换器的核心部分，它的输入端所接开关 S_1 由定时信号 Q_n 控制。当 Q_n 为不同电平时，极性相反的输入电压 u_1 和参考电压 U_{REF} 将分别加到积分器的输入端，进行两次方向相反的积分，积分时间常数 $T = RC$。

过零比较器：过零比较器用来确定积分器输出电压 u_O 的过零时刻。当 $u_O \geq 0$ 时，比较器输出 u_C 为低电平；当 $u_O < 0$ 时，u_C 为高电平。比较器的输出信号接至时钟控制门（G）作为关门和开门信号。

　　计数器和定时器:它由 $n+1$ 个接成计数型的触发器 $FF_0 \sim FF_n$ 串联组成。触发器 $FF_0 \sim FF_{n-1}$ 组成 n 级计数器,对输入时钟脉冲 CP 计数,以便把与输入电压平均值成正比的时间间隔转变成数字信号输出。当计数到 2^n 个时钟脉冲时, $FF_0 \sim FF_{n-1}$ 均回到 0 状态,而 FF_n 反转为 1 态, $Q_n = 1$ 后,开关 S_1 从位置 A 转接到 B。

　　时钟脉冲控制门:时钟脉冲源标准周期 T_c,作为测量时间间隔的标准时间。当 $u_C = 1$ 时,与门打开,时钟脉冲通过与门加到触发器 FF_0 的输入端。

　　下面以输入正极性的直流电压 u_1 为例,说明电路将模拟电压转换为数字量的基本原理。电路工作过程分为以下几个阶段进行,图中各处的工作波形如图 9.2.10 所示。

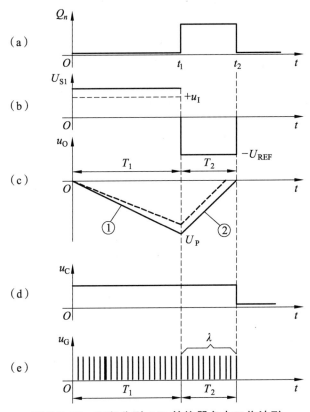

图 9.2.10　双积分型 A/D 转换器各点工作波形

1. 准备阶段

　　首先控制电路提供 CR 信号使计数器清零,同时使开关 S_2 闭合,待积分电容放电完毕,再使 S_2 断开。

2. 第一次积分阶段

　　在转换过程开始时 ($t=0$),开关 S_1 与 A 端接通,正的输入电压 u_1 加到积分器的输入端。积分器从 0 V 开始对 u_1 积分,其输出电压波形如图 9.2.10 (c) 中斜线①段所示。根据积分器的工作原理可得

$$u_O = -\frac{1}{\tau}\int_0^{t_1} u_1 \mathrm{d}t \tag{9.2.2}$$

由于 $u_O < 0 \text{ V}$，过零比较器输出 u_C 为高电平，时钟控制门 G 被打开。于是，计数器在 CP 作用下从 0 开始计数。经过 2^n 个时钟脉冲后，触发器 $\text{FF}_0 \sim \text{FF}_{n-1}$ 都翻转到 0 态，而 $Q_n = 1$，开关 S_1 由 A 点转到 B 点，第一次积分结束。第一次积分时间为：

$$t = T_1 = 2^n T_C \tag{9.2.3}$$

令 u_I 为输入电压在 T_1 时间间隔内的平均值，则由式（9.2.2）可得第一次积分结束时积分器的输出电压 U_P 为

$$U_P = \frac{T_1}{\tau} U_I = -\frac{2^n T_C}{\tau} U_I \tag{8.2.4}$$

3. 第二次积分阶段

当 $t = t_1$ 时，S_1 转接到 B 点，具有与 u_I 相反极性的基准电压 $-U_{\text{REF}}$ 加到积分器的输入端；积分器开始反相进行第二次积分；当 $t = t_2$ 时，积分器输出电压 $u_O > 0 \text{ V}$，比较器输出 $u_O = 0$，时钟脉冲控制门 G 被关闭，计数停止。在此阶段结束时 u_O 的表达式可写为

$$u_O(t_2) = U_P - \frac{1}{\tau} \int_{t_1}^{t_2} (-U_{\text{REF}}) \mathrm{d}t = 0 \tag{9.2.5}$$

设 $T_2 = t_2 - t_1$，于是有

$$\frac{U_{\text{REF}} T_2}{\tau} = \frac{2^n T_C}{\tau} U_I \tag{9.2.6}$$

设在此期间计数器所累计的时钟脉冲个数为 λ，则

$$T_2 = \lambda T_C$$

$$T_2 = \frac{2^n T_C}{U_{\text{REF}}} U_I \tag{9.2.7}$$

可见，T_2 与 U_I 成正比，T_2 就是双积分 A/D 转换过程的中间变量。

$$\lambda = \frac{T_2}{T_C} = \frac{2^n}{U_{\text{REF}}} U_I \tag{9.2.8}$$

式（9.2.8）表明，在计数器中所计得的数 $\lambda (\lambda = Q_{n-1} \cdots Q_1 Q_0)$，与在取样时间 T_1 内输入电压的平均值 U_I 成正比。只要 $U_I < U_{\text{REF}}$，转换器就能正常地将输入电压转换为数字量，并能从计数器读取转换结果。如果取 $U_{\text{REF}} = 2^n \text{ V}$，则 $\lambda = U_I$，计数器所计的数在数值上就等于被测电压。

由于双积分 A/D 转换器在 T_1 时间内采的是输入电压的平均值，因此具有很强的抗工频干扰能力。尤其对周期等于 T_1 或几分之一 T_1 的对称干扰（所谓对称干扰是指整个周期内平均值为零的干扰），从理论上来说，有无穷大的抑制能力。即使当工频干扰幅度大于被测直流信号，使输入信号正负变化时，仍有良好的抑制能力。工业系统中经常碰到的是工频（50 Hz）或工频的倍频干扰，故通常选定采样时间 T_1 总是等于工频电源周期的倍数，如 20 ms 或 40 ms 等。另一方面，由于在转换过程中，前后两次积分所采用的是同一积分器。因此，在两次积

分期间（一般在几十至数百毫秒之间），R、C 和脉冲源等元器件参数的变化对转换精度的影响均可以忽略。

最后必须指出，在第二次积分阶段结束后，控制电路又使开关 S_2 闭合，电容 C 放电，积分器回零。电路再次进入准备阶段，等待下一次转换开始。

最后必须指出，在第二次积分阶段结束后，控制电路又使开关 S_2 闭合，电容 C 放电，积分器回零。电路再次进入准备阶段，等待下一次转换开始。

单片集成双积分式 A/D 转换器有 ADC—EK8B（8 位，二进制码）、ADC—EK10B（10 位，二进制码）、MCl4433（3.5 位，BCD 码）等。

9.2.6　A/D 转换器的主要技术指标

A/D 转换器的主要技术指标有转换精度、转换速度等。选择 A/D 转换器时，除考虑这两项技术指标外，还应满足其输入电压的范围、输出数字的编码、工作温度范围和电压稳定度等方面的要求。

1．转换精度

单片集成 A/D 转换器的转换精度是用分辨率和转换误差来描述的。

1）分辨率

A/D 转换器的分辨率以输出二进制（或十进制）数的位数表示。它说明 A/D 转换器对输入信号的分辨能力。从理论上讲，n 位输出的 A/D 转换器能区分 2^n 个不同等级的输入模拟电压，能区分输入电压的最小值为满量程输入的 $1/2^n$。在最大输入电压一定时，输出位数愈多，量化单位愈小，分辨率愈高。例如 A/D 转换器输出为 8 位二进制数，输入信号最大值为 5 V，那么这个转换器应能区分输入信号的最小电压为 19.53 mV。

2）转换误差

转换误差通常是以输出误差的最大形式给出，它表示 A/D 转换器实际输出的数字量和理论上的输出数字量之间的差别。常用最低有效位的倍数表示。例如给出相对误差 ≤ ±LSB/2，这就表明实际输出的数字量和理论上应得到的输出数字量之间的误差小于最低位的半个字。

2．转换时间

转换时间是指 A/D 转换器从转换控制信号到来开始，到输出端得到稳定的数字信号所经过的时间。A/D 转换器的转换时间与转换电路的类型有关。不同类型的转换器转换速度相差甚远。其中并行比较 A/D 转换器转换速度最高，8 位二进制输出的单片集成 A/D 转换器转换时间可达 50 ns 以内。逐次比较型 A/D 转换器次之，它们多数转换时间在 10 ~ 50 μs 之间，也有达几百纳秒的。双积分型 A/D 转换器的速度最慢，如双积分 A/D 转换器的转换时间大都在几十毫秒至几百毫秒之间。在实际应用中，应从系统数据总的位数、精度要求、输入模拟信号的范围及输入信号极性等方面综合考虑 A/D 转换器的选用。

例 9.2.1　某信号采集系统要求用一片 A/D 转换集成芯片 1 s 内对 16 个热电偶的输出电压分时进行 A/D 转换。已知热电偶输出电压范围为 0 ~ 0.025 V（对应于 0 ~ 450 ℃温度范围），需要分辨的温度为 0.1 ℃，试问应选择多少位的 A/D 转换器？其转换时间为多少？

解：对于从 $0 \sim 450\,°C$ 温度范围，信号电压范围为 $0 \sim 0.025\,V$，分辨的温度为 $0.1\,°C$，这相当于 $\dfrac{0.1}{450} = \dfrac{1}{4\,500}$ 的分辨率，12 位 A/D 转换器的分辨率为 $\dfrac{1}{2^{12}} = \dfrac{1}{4\,096}$，所以必须选用 13 位的 A/D 转换器。

系统的取样速率为每秒 16 次，取样时间为 $62.5\,ms$，对于这样慢的取样，任何一个 A/D 转换器都可以达到。可选用带有取样—保持（S/H）的逐次比较型 A/D 转换器或不带 S/H 的双积分式 A/D 转换器均可。

9.2.7　集成 A/D 转换器及其应用

在单片集成 A/D 转换器中，逐次比较型使用较多，下面我们以 ADC0804 为例介绍 A/D 转换器及其应用。

1. ADC0804 引脚及使用说明

ADC0804 是 CMOS 集成工艺制成的逐次比较型 A/D 转换器芯片，其分辨率为 8 位，转换时间为 $100\,\mu s$，输出电压范围为 $0 \sim 5\,V$，增加某些外部电路后，输入模拟电压可为 $\pm 5\,V$。该芯片内有输出数据锁存器，当与计算机连接时，转换电路的输出可以直接连接到 CPU 的数据总线上，无须附加逻辑接口电路。ADC0804 芯片管脚图和控制信号的时序图分别如图 9.2.11 和图 9.2.12 所示。

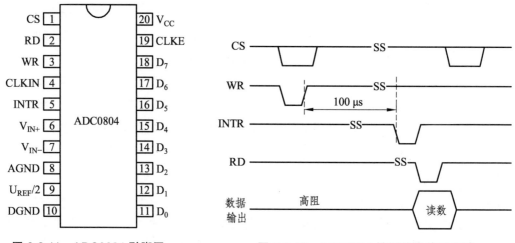

图 9.2.11　ADC0804 引脚图　　　　　　图 9.2.12　ADC0804 控制信号的时序图

ADC0804 的引脚名称及意义如下：

V_{IN+}、V_{IN-}：ADC0804 的两模拟信号输入端，用以接收单极性、双极性和差模输入信号。

$D_7 \sim D_0$：A/D 转换器数据输出端，该输出端具有三态特性，能与微机总线相连接。

AGND：模拟信号地。

DGND：数字信号地。

CLKIN：外电路提供的时钟脉冲输入端。

CLKR：内部时钟发生器外接电阻端，与 CLKJN 端配合，可由芯片自身产生时钟脉冲，其频率为 $\dfrac{1}{1.1RC}$。

CS：片选信号输入端，低电平有效，一旦 CS 有效，表明 A/D 转换器被选中，可启动工作。

WR：写信号输入，接微机系统或其他数字系统控制芯片的启动输入端，低电平有效。当 CS、WR 同时为低电平时，启动转换。

RD：读信号输入，低电平有效。当 CS、RD 同时为低电平时，可读取转换输出数据。

INTR：转换结束输出信号，低电平有效。输出低电平表示本次转换已经完成。该信号常作为向微机系统发出的中断请求信号。

在使用时应注意以下几点：

（1）转换时序。

ADC0804 控制信号的时序图如图 9.2.12 所示，由图可见，各控制信号时序关系为：

当 CS 与 WR 同为低电平时，A/D 转换器被启动，且在 WR 上升沿后 100 μs 模数转换完成，转换结果存入数据锁存器，同时 INTR 自动变为低电平，表示本次转换已结束。如果 CS、RD 同时为低电平，则数据锁存器三态门打开，数据信号送出，而在 RD 高电平到来后三态门处于高阻状态。

（2）零点和满刻度调节。

ADC0804 的零点无须调整。满刻度调整时，先给输入端加入电压 $V_{\text{IN}+}$，使满刻度所对应的电压值是 $V_{\text{IN}+} = V_{\max} - 1.5\left(\dfrac{V_{\max} - V_{\min}}{256}\right)$，其中 $V_{\max}$ 是输入电压的最大值，$V_{\min}$ 是输入电压的最小值。当输入电压 $V_{\text{IN}+}$ 值相当时，调整 $U_{\text{REF}}/2$ 端电压值使输出码为 FEH 或 FFH。

（3）参考电压的调节。

在使用 A/D 转换器时，为保证其转换精度，要求输入电压满量程使用。如果输入电压动态范围较小，则可调节参考电压 U_{REF}，以保证小信号输入时 ADC0804 芯片 8 位的转换精度。

（4）接地。

模数、数模转换电路中要特别注意地线的正确连接，否则干扰很严重，以致影响转换结果的准确性。A/D、D/A 及取样—保持芯片上都提供了独立的模拟地（AGND）和数字地（DGND）。在线路设计中，必须将所有器件的模拟地和数字地分别相连，然后将模拟地与数字地仅在一点上相连接。地线的正确连接方法如图 9.2.13 所示。

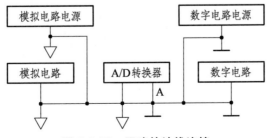

图 9.2.13　正确的地线连接

2. ADC0804 的典型应用

下面以数据采集系统为例，介绍 ADC0804 的典型应用。

在现代过程控制及各种智能仪器和仪表中，为采集被控（被测）对象数据以达到由计算机进行实时检测、控制的目的，常用微处理器和 A/D 转换器组成数据采集系统。单信道微机化数据采集系统的示意图如图 9.2.14 所示。

系统由微处理器、存储器和 A/D 转换器组成，它们之间通过数据总线（DBUS）和控制总线（CBUS）连接，系统信号采用总线传输方式。

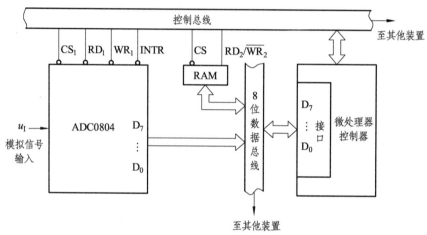

图 9.2.14　单信道微机化数据采集系统示意图

现以程序查询方式为例，说明 ADC0804 在数据采集系统中的应用。采集数据时，首先微处理器执行一条传送指令，在指令执行过程中，微处理器在控制总线的同时产生 CS_1、WR_1 低电平信号，启动 A/D 转换器工作，ADC0804 经 100 μs 后将输入模拟信号转换为数字信号存于输出锁存器，并在 INTR 端产生低电平表示转换结束，并通知微处理器可来取数。当微处理器通过总线查询到 INTR 为低电平时，立即执行输入指令，以产生 CS、RD_2 低电平信号到 ADC0804 相应引脚，将数据取出并存入存储器中。整个数据采集过程中，由微处理器有序地执行若干指令完成。

本章小结

1. A/D 和 D/A 转换器是现代数字系统的重要部件，应用日益广泛。

2. 倒 T 形电阻网络 D/A 转换器具有如下特点：电阻网络阻值仅有两种，即 R 和 $2R$；各 $2R$ 支路电流 I_i 与相应的 D_i 数码状态无关，是一定值；由于支路电流流向运放反相端时不存在传输时间，因而具有较高的转换速度。

3. 在权电流型 D/A 转换器中，由于恒源电路和高速模拟开关的运用使其具有精度高、转换快的优点，双权型单片集成 D/A 转换器多采用此种类型电路。

4. 不同的 A/D 转换方式具备各自的特点，在要求转换速度高的场合，选用并行 A/D 转换器；在要求精度高的情况下，可采用双积分 A/D 转换器，当然也可选高分辨率的其他形式 A/D 转换器，但会增加成本。由于逐次比较型 A/D 转换器在一定程度上兼有以上两种转换器的优点，因此得到普遍应用。

5. A/D 转换器和 D/A 转换器的主要技术参数是转换精度和转换速度, 在与系统连接后, 转换器的这两项指标决定了系统的精度与速度。目前, A/D 与 D/A 转换器的发展趋势是高速度、高分辨率及易于与微型计算机接口, 用以满足各个应用领域对信号处理的要求。

习 题

9.1 某 D/A 转换器的最小分辨电压 $U_{LSB} = 4$ mV, 最大满刻度输出电压 $U_{OM} = 10$ V, 求该转换器输入二进制数字量的位数。

9.2 在 10 位二进制数 D/A 转换器中, 已知其最大满刻度输出模拟电压 $U_{OM} = 5$ V, 求最小分辨电压 U_{LSB} 和分辨率。

9.3 10 位倒 T 形电阻网络 D/A 转换器如图题 9.3 所示, 当 $R = R_f$ 时:

(1) 试求输出电压的取值范围;

(2) 若要求电路输入数字量为 200H 时输出电压 $U_O = 5$ V, 试求 U_{REF} 为何值。

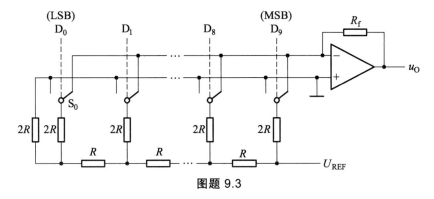

图题 9.3

9.4 在某双积分型 A/D 转换器中, 计数器为十进制计数器, 最大计数容量为 $(3\ 000)_D$。已知计数时钟频率 $f_{cp} = 30$ kHz, 积分器中的 $R = 100$ kΩ, $C = 1$ mF, 输入电压的变化范围为 $0 \sim 5$ V。试求:

(1) 第一次积分时间 T_1。

(2) 求积分器的最大输出电压 $|U_{OMAX}|$。

(3) 当 $U_{REF} = 10$ V, 第二次积分计数器计数值 $\lambda = (1500)_D$ 时, 输入电压 u_I 的平均值为多少?

参考文献

[1]　康华光，李林. 电子技术基础　数字部分（第 7 版）. 北京：高等教育出版社，2021.